特养技术
轻松致富

麝鼠养殖

简单学

◎ 赵伟刚 邢秀梅 主编

U0349152

中国农业科学技术出版社

图书在版编目（CIP）数据

麝鼠养殖简单学 / 赵伟刚，邢秀梅主编 . —北京：中国农业
科学技术出版社，2015. 1

ISBN 978 - 7 - 5116 - 0861 - 1

Ⅰ . ①麝…　Ⅱ . ①赵…②邢…　Ⅲ . ①麝鼠 – 饲养管理
Ⅳ . ①S865. 2

中国版本图书馆 CIP 数据核字（2014）第 306587 号

责任编辑	朱　绯　穆玉红
责任校对	贾晓红

出 版 者	中国农业科学技术出版社
	北京市中关村南大街 12 号　邮编：100081
电　话	(010)82106626(编辑室)　　(010)82109704(发行部)
	(010)82109709(读者服务部)
传　真	(010)82106626
网　址	http://www.castp.cn
经 销 者	各地新华书店
印 刷 者	北京富泰印刷有限责任公司
开　本	850mm ×1 168mm　1/32
印　张	6.5
字　数	175 千字
版　次	2015 年 1 月第 1 版　2015 年 1 月第 1 次印刷
定　价	19.80 元

前　言

麝鼠属于啮齿目、仓鼠科，是一种小型珍贵毛皮动物，其毛皮有"软黄金"之称，是制作裘皮服装的好材料。麝鼠肉质细嫩，味道鲜美。成龄雄性麝鼠香腺囊分泌的麝鼠香是珍贵的天然动物香料资源，其香气浓郁、气息清灵，含有大环酮类、酯类及脂肪酸类等成分，具有抗炎、耐缺氧、减慢心率、降低血压、降低心肌耗氧量及促生长等药理活性，在医药及日用化工工业上具有重要的经济价值。

麝鼠原产于北美洲，1905 年开始引入欧洲。1945 年以前由前苏联自然扩散到我国的黑龙江和新疆维吾尔自治区（以下简称新疆）境内，20 世纪 50 年代后期，我国曾先后从前苏联大量引种，散放于很多地方。近年来由于自然环境的变化，野生资源日渐稀少，70 年代末，我国开始人工饲养，30 多年来，我国麝鼠养殖业从无到有、从小到大，终于成为特种养殖业中的一枝新秀，为带动农村经济发展和开发天然动物香料新资源都起到了重要作用。

由于麝鼠养殖业具有投资小、见效快、易饲养、高效益等特点，成为众多养殖业的主选项目。同时也应看到，面对变化莫测的市场形势，竞争激烈的实际情况，生产者必须有高水平的养殖技术和管理措施，才能使这项事业健康发展。遗憾的是，我国缺少麝鼠养殖相关专著，不少养殖户饲养管理技术落后，养殖效益大打折扣。为普及和推广麝鼠养殖新技术，编者编写了这本小册子，希望对我国的麝鼠养殖业的发展尽一点绵薄之力。

本书总结了我国近年来养殖麝鼠的实践经验，收集了国内外养殖麝鼠的新技术和新方法，重点介绍了麝鼠高效养殖技术的原理与具体措施。本书对麝鼠的品种类型、繁殖育种、营养饲养、疾病防治、建场规划及产品加工利用等内容做了较为系统的叙述。本书理论联系实际，通俗易懂，实用性强，可供麝鼠养殖场、专业养殖户的技术和管理人员参考。既可使麝鼠养殖业的新手入门通路，老手的养殖技术精益求精，亦可做为农业研究人员有益的参考资料。

由于编著者专业知识水平有限，书中内容难免会出现欠妥或谬误之处，敬请批评指正，不胜感谢。

编者

2014 年 6 月

目　录

第一章　麝鼠投入轻松算

麝鼠（*Ondatra zibethica* Linnaeus）属于哺乳纲、啮齿目、仓鼠科、麝鼠属，俗称青根貂、水耗子、麝香鼠，是一种小型珍贵毛皮动物，原产于北美洲，1905 年开始引入欧洲。1945 年以前在我国的黑龙江和新疆境内就已有麝鼠，由前苏联自然扩散过来。20 世纪 50 年代后期，我国曾先后从前苏联大量引种，散放于很多地方。70 年代末开始人工饲养，现在我国的绝大多数省、市、自治区均有麝鼠养殖场。

麝鼠全身是宝，其毛皮有"软黄金"之称，皮板结实，坚韧耐磨而轻软，绒毛丰厚细软，是制作裘皮服装的好材料。麝鼠肉质细嫩，味道鲜美，含有 16 种氨基酸，蛋白质含量为 20.1%，含钙量是牛肉的 13 ~ 23 倍，胆固醇含量比牛肉低 22.5%。成龄雄性麝鼠香腺囊分泌的麝鼠香是珍贵的天然动物香料资源，香气纯正、留香持久，含有麝香酮、降麝香酮、十七环烷酮、多种酯类和脂肪酸类成分，并具有抗炎、耐缺氧、降低心肌耗氧量、减少血氧的利用、降低血压、减慢心率、增加冠脉血流量以及抗衰老、抗凝血和溶栓等多种活性，使得麝鼠香在医药上防治冠心病、心脏肥大、心脏负担过重以及防治脑血栓、脉管炎等危重疾病发挥重要作用。麝鼠香作为天然动物香料，可以广泛地应用于高级化妆品、日用化工、高档烟酒和食品等领域。

第一节　麝鼠养殖场址的选择

麝鼠养殖场的选择是否合理，将直接影响影响麝鼠的生长、发育和繁殖。因此，在建设麝鼠养殖场之前，应根据麝鼠的生长、发育和繁殖所需要的基本条件，组织专业技术人员或会同有关专家，进行认真的勘察和全面的规划布局。

对于麝鼠养殖场地选择的总的原则是选择能够满足麝鼠的生物学特性的自然环境条件，并能使麝鼠在该选择的场所中正常地生长、发育和繁殖。所以，应根据自身的生产规模以及发展远景规划，全面考虑其规划布局，充分讨论选场条件。

一、麝鼠养殖场基地选择的原则

1. 选择合理的地形地势

场址选择应选在地势较高、地面干燥、排水良好和背风向阳的地方，周围的环境要寂静，并应有一定的遮阳物。水源是建场的首要条件，因为麝鼠养殖离不开水，所以建场的场址一定要有充足的水源，绝不能用死水、臭水或被细菌、农药等污染了的水。含无机盐过多的泉水和含过多盐分的咸水也不适宜（图1-1）。

低洼、沼泽地带，地面泥泞，湿度过大，排水不利的地方，洪水常年泛滥地位，云雾弥漫的地区及风沙侵袭严重的地区都不宜建场。

2. 要有充足的饲料资源

饲料是饲养麝鼠的物质基础，饲料的来源如何，是建场最基本的条件。麝鼠是以青绿饲料为主的草食性动物，因此，必须将场地建在有广泛饲料来源或能就近解决饲料的地方。每一对麝鼠，包括全年繁殖的幼龄麝鼠在内，需要青绿饲料200千克，谷物饲料20~30千克。

3. 保证必要的防疫条件

麝鼠养殖场应设在非畜牧疫区，不宜与其他畜禽饲养场靠近，以避免同源疫病的相互传染。距离居民点500米以上，且位

图 1 - 1 麝鼠养殖场场址选择

于居民点的下风处，地势应低于居民区；距铁路、公路主干线
300 米以上；距沼泽地 1 000 米以上。环境污染严重的地区不应
建场。

4. 电力供应要有充分保障

电源是饲养场内各种设备的动力，如夏季的降温设施，冬季
的防寒设施等都不能缺少电源。所以，麝鼠养殖场的电力供应要
有充分保障。

5. 要有便利的交通条件

应有专门的公路直通麝鼠养殖场，以保证饲料、生活必需品
及麝鼠产品的运输。

二、农村庭院式麝鼠养殖场地的基本条件

农村庭院式麝鼠养殖专业户可利用住房附近的闲余空地建场
（图 1 - 2）。这种庭院式的麝鼠养殖场要保证有稳定的上下水、
充足的饲料资源、稳定而充足的电源条件及便利的交通条件。除

此之外，还必须保证周围环境的安静，既没有机械设备运转所带来的噪音，也没有燃放烟花爆竹之类的惊吓声等。同时，养殖场不宜与其他畜禽饲养场靠近，还要能防鸡、狗等动物进入养殖场内。

图 1 - 2　庭院式麝鼠养殖场一角

第二节　规模化麝鼠养殖场的布局及分区

一、麝鼠养殖场的布局原则

建场前，应对饲养场的布局进行合理的设计与规划。使场内建筑布局合理，适合生产作业要求。因此，总的布局原则是管理方便、利于生产、保证安全、符合卫生防疫要求。

二、麝鼠养殖场的分区

麝鼠养殖场的建筑布局分为生产区与非生产区，非生产区包括管理区和卫生防疫区（图 1 - 3）。

1. 管理区

管理区位于饲养场的入口处，由办公室、职工宿舍、饲料加

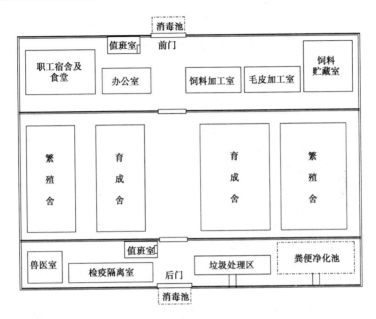

图 1-3 麝鼠养殖场布局示意图

工室、饲料贮备室等组成。

2. 卫生防疫区

卫生防疫区位于养殖场的下风处,由兽医室、隔离区、垃圾处理区和粪便净化池等组成。

3. 生产区

养殖生产区由麝鼠繁殖舍和麝鼠育成舍等组成,各舍之间应保持一定的间距。

在选择好饲养场场址以后,就要开始规划设计,着手建设。饲养场的建设分为配套设施建设及饲养圈舍建设,其中,圈舍是最基本的生产建筑。

第三节 麝鼠养殖场的建设

一、非生产区建设

对于中大型的麝鼠养殖场，生产区建设包括管理人员的生活住宅、办公室、饲料加工厂、麝鼠屠宰及毛皮加工厂等建筑，而对于小型养殖场来说，因没有自成体系，只用围栏简单隔开即可。

1. 办公设施建设

办公设施饲养场管理人员、工人等办公、生活的地方，其建设与一般办公、生活区相似，并无十分特殊之处。对于一个正规养殖场而言，办公区应设有值班接待室、场长办公室、财务室、后勤办公室、休息娱乐室、食堂、宿舍、厕所等。房屋大小根据需要酌情设计，并配置相应的用品，如办公桌、电话、保险柜及各种必需用品。

2. 后勤辅助设施建设

后勤辅助区是养殖场的重要部分，其设施的好坏直接关系到麝鼠的饲养管理。本区设施应包括饲料准备设施、毛皮加工设施及水电配套设施和必备运输设施等。

饲料准备室：麝鼠为植食性，因此加工设施比较简单，只需铡刀、磨面机等几种简单设施即可，但得配上库房，以短期存放饲料。

毛皮加工室：是剥皮、取香的场所。一般包括屠宰间、剥皮取香间、刮油洗皮间、上楦间、干燥间、验质间及储存间。在相应的工作间内，配备各自的工作用具，如致死水池及电极、铁棍、剥皮用刀、刮油刀、洗皮锯末、楦板等，干燥间内装上加温设备及干燥支架。各工作间一般要在室内有门相连通，便于一条龙作业。为了节约空间，综合有效，经济利用房屋，可以将几个工作间并为一个，也可临时用场部其他房间改装而成。

综合技术室：正规养殖场，还必须配备兽医防疫室和分析化验室。前者需配备各种必要医疗器械、药品，还应有消毒室、医疗室及尸体处理室。后者需配备饲料营养分析等测试设备，负责饲料营养分析、毒性鉴定等工作。

其他设施：供水、供电、供暖设施、围培、车库等。购置常规器具，如捕鼠工具、饲喂工具、汽车、拖拉机等。

二、生产区建设

1. 遮阳棚的修建

是在饲养区用于为麝鼠遮风挡雨、防止烈日曝晒的简易设施。一般只需用木材、竹子或焦钢做成支架，上面用油毡，甚至苫房草简单覆盖即可。棚子的形状（"人"字顶、一面坡）、大小均可视具体情况自由确定。通常高 2 ~ 3 米，双排圈舍宽 4 米即可。

2. 圈舍建设

从总体结构上看，鼠舍主要由窝室、活动场及水池 3 个部分组成。窝室分为内室和外室两间，内室可较大，也称大室；外室一般可较小，也称小室。内室主要供麝鼠产仔和护仔所用，外室则供其平常一般性休息。活动场相对较大，麝鼠很大一部分活动都在此进行。它们在这里吃食、嬉戏、玩耍，有时也在这里交配。水池，是麝鼠进行水浴、交配的场所，必须有一定的容积，可以供所养麝鼠自由舒适地洗浴和自由进入。人工饲养圈舍的具体形式可以多种多样，但大致分平式和立体式两类。

（1）平式圈舍的建造　平式圈舍是将水池、运动场和窝室 3 个部分水平铺置于同一高度上（图 1 - 4）。

平式圈舍底面、四壁均用砖、石砌成，水泥沟缝，高 50 ~ 70 厘米，宽 50 ~ 70 厘米左右，长 100 ~ 150 厘米。圈舍可以根据养殖场的具体情况如地形、饲养规模等确定为多个连接式圈组或单个圈舍式。一般地讲，在北方寒冷地区，地面及建筑接面均会因冬冻夏暖收缩变化剧烈而易松裂，一般不易连成过大的圈组，宜3~5个圈舍为一组。

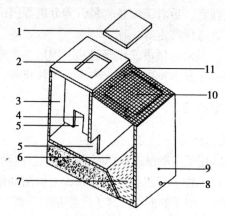

图1-4　麝鼠平式圈舍修建示意图

1. 活动盖板；2. 观察口；3. 外室；4. 内室；
5. 通道；6. 运动场；7. 水池；8. 排水孔；
9. 溢水孔；10. 笼门；11. 网罩

　　圈舍的建设尺才，只要相对合理即可，并不十分严格。一般内室50厘米×50厘米，上面留有观察窗口，并有活动盖板，可供打扫卫生及垫草用。外室50厘米×30厘米，内外室间留有直径10~12厘米见方的门做为通道，外室与运动场间也应留出这样的洞口，使外室与运动场相通。

　　运动场大小约为50厘米×20厘米×50厘米，朝外稍倾斜，靠近窝室处修一个小型平台，大约15厘米×30厘米即可，供吃食或休息。运动场顶上开一个投食口。

　　靠运动场外侧是水池，水池底面和四壁用水泥抹严抹平，长度与运动场一样，宽、深一般为30厘米。水池靠运动场一侧壁要做成斜坡状，便于麝鼠上下。水池还需设排水孔，以便换水。

（2）立式圈舍的建造　立体圈舍是水封洞（出入门）、全封闭、楼式的繁殖窝室。这种窝室是将水池、运动场和窝室三大组成部分立体化，即第一层为水池，水池面上为楼式的第一屋窝室（即平式窝室的外室或走廊），紧靠第一层窝室的第二层窝室为二楼窝室，形成上、下两层窝室结构。下层水池大小为80厘米×70厘米×30厘米，容纳0.1立方米水，水池面镶嵌水泥隔板，隔板的内侧面留有12厘米洞口，该洞口是进出水池觅食、排粪、排尿和配种的出入口，隔板上用砖砌成上下的二层窝室，每层窝室高35厘米，长70厘米，宽30厘米。上层窝室面用水泥板盖严，起到遮挡风雨和御寒的作用。水池面上用电焊网（4号）罩严。水池内侧留出20厘米的运动场（隔板的延伸部分），从延伸隔板的运动场处，留出12厘米的插板位置，以便取香、分窝及检查时捕抓麝鼠。此外该运动场还是投放饲料和配种的场所。立体式圈舍便于冬季保温和夏季防暑，同时也能使麝鼠的休息及繁殖环境较为干燥，对繁殖有利（图1-5）。

（3）幼鼠圈舍　一般地讲，由于仔鼠长成幼鼠以后，不宜再与成鼠混养，应隔离，建立专门的幼鼠圈舍。30~50只的中鼠、小鼠可集中饲养，其圈舍窝室、运动场及水池均为共用。而鼠龄超过100天以上的，由于性成熟，容易引起斗殴，往往造成伤害和死亡，不再适合这种集群混养。幼鼠圈舍一般形式为两边是窝室，中间一大运动场被水池一分为二，小室有多个进出口，供鼠群自由出入（图1-6）。

其实，麝鼠圈舍具体形式多种多样，但都是在标准圈舍的基础上变化而来。一般地讲，规模化养殖场及专业户采用的圈舍要标准一些，而家庭养殖中圈舍的建造可能就十分简单。

3. 鼠笼舍的制作

笼舍，一般在家庭及小型养殖场中常见，在东欧一些国家，

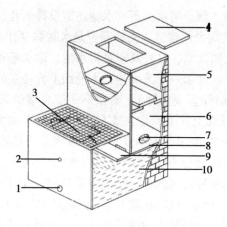

图 1 - 5　麝鼠立式圈舍修建示意图

1. 排水孔；2. 溢水孔；3. 电焊网；4. 盖板；5. 上层窝室；

6. 下层窝室；7. 洞口；8. 隔板；9. 运动场；10. 水池

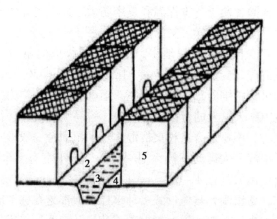

图 1 - 6　幼鼠群养圈舍

1. 窝室；2. 运动场；3. 水池；4. 运动场；5. 窝室

都更偏爱用笼舍饲养麝鼠。

鼠笼由网笼和窝箱组成（图1-7）。一般网笼是用铁丝网围成网孔为15厘米×20厘米，通常网笼长100厘米，宽50厘米，高30厘米。网笼里备有水盆（其实为水池），用铁板做成，其大小占据网笼底面积的一半左右，另一半用铁板焊接作运动场。小池深度为25厘米，左右共设两个台阶，依次错落。整个网笼固定在金属支架上（用木柱、竹子制作也行）。网笼的一端连接窝箱。窝箱用铁板制成，既可隔成内外两室，也可制造一半黑暗地方作产仔哺乳的大室用。窝箱底用铁丝网做成，以便粪便及其他废物落下，保持箱内清洁。

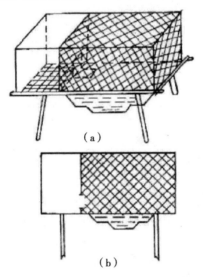

（a）

（b）

图1-7 笼舍示意图

（a）：实物图　　（b）：侧面图

图 1-8　麝鼠规模化养殖圈舍

第四节　麝鼠综合养殖模式

麝鼠是一种水中活动、陆地栖居的草食性动物，在有丰富水域、适合筑巢、挖洞和隐蔽的地形，均可良好栖居生息，只要满足这些条件，麝鼠就能正常生活、生长和繁殖。

本节介绍一下综合养殖模式配置的基本原则，并推荐介绍几种有代表性的生态养殖模式，以启发思路，帮助养殖者创造出更多更好的形式。

一、湿地结合型模式

湿地（尤其是沼泽地）水面多，水草丰富，容纳量大，因此利用沼泽、湿地饲养繁殖麝鼠，不仅合理利用了湿地，使既不能种作物，又难以一般性发展林、牧业的荒地有了用武之地，而且对于饲养麝鼠而言，成本低可创造较高经济价值，具有非常可观的发展前景。利用湿地饲养麝鼠可以有几种模式。

1. 散养

在沼泽地进行麝鼠散放饲养，就是充分利用沼泽地的自然环境，进行一些人为改造后放养麝鼠，人为改造包括开渠引水，控制水位，以提高仔鼠成活率。同时，还要在局部地区进行挖低填高，增加明水面积，扩大陆地栖居面积，并人工辅助修建巢穴，以增加其住所，提高养殖密度。

另外，为了充分保证较大规模放养麝鼠的食物需求，还要采取措施，促进水草生长，如人工栽培水生植物、人工施肥等，以补充食物。

显然，在沼泽地进行麝鼠散养的方式，具有自己的特点；基本上保护了原有的生态环境，投入的工人少，可以利用的面积大，并能在改造沼泽地生态环境（水草生长更加丰富等）的前提下获得较高的经济效益和较好的杜会效益，这是一种较好的养殖方式。

2. 建小型保护区放养

建小型保护区放养，事实上是一种沼泽地的半散放饲养形式。这是比散放饲养的人为改造程度更高的一种养殖模式，它往往在没有麝鼠迁徙条件或迁徙受各种限制的沼泽区采用。

该模式的人为改造程度较高，必须花费较多的人力、物力对保护区进行建设。主要工作包括：人为补水，挖沟引水，并通过种植水草及投放饵料进行补料，还需要补建鼠巢，修建简易圈（笼）舍，供新引入种鼠尽快安家落户。由于是初次引入，种群对疾病、天敌防患力差，对环境适应有一个过程，所以需防病治病，预防及消灭天敌，并防止逃跑。

3. 野外大围栏饲养

这是一种适合于国家或集体的较大规模的保护性饲养方式。

其基本前提条件是：湿地范围较大，麝鼠有足够的空间和饲料、供水来源，以进行较大群体的繁衍、发展，并要求养殖者有一定的资金实力，能进行较大规模的野外必备设施的建设及添置。

其具体做法是：选用结实、耐冻、抗风化且表面光滑的板材建成地下深 0.5 米，地上高 1 米的围栏，将麝鼠适宜生长繁育的湿地区围严，以防止麝鼠外逃及其天敌的侵入。然后，向围栏内放入一定数量的种鼠，任其自由采食，自然交配繁衍。人们则根据一定的种群规模，在不同的生育时期，进行必要的人工营巢补足住所，人工投食补饲等，并在采皮时节根据适宜的种群大小适当捕捉采皮，调节种群密度，获取可观的经济效益。

这种模式有利于控制水位、补充食料、人工筑巢、防病治病及捕获取皮，既可改造环境适合麝鼠，又可培养麝鼠去适应环境，是超出了自然再生能力的人工生态系统与自然生态系统的结合体，是我国目前比较理想的沼泽地养殖模式。

4. 半漂笼饲养

半漂笼养殖麝鼠是将麝鼠的繁殖圈舍建于自然水域的岸边，尤其是以水流平稳的沟渠为好，这样便于人工调控水位。运动场和戏水池用一封闭的电焊网笼代替，将整个笼具沉于水中。

用做戏水池的电焊网笼，可根据场地、微地形做成圆筒状或方形状。沉入水里的深度灵活性较大，一般以 30 厘米以上为好。当水位不稳定时，戏水池应能上下调节。

半漂笼的窝室同圈舍窝室结构一样，最好建成上、中、下多层的封闭式窝室。如果用砖砌成的窝室要作永久性保留，底面积和高度可适当加大一些，这样可多放防寒草和垫草，为麝鼠越冬创造条件。修建规格应为 70 厘米 ×80 厘米 ×30 厘米的三层窝室结构。如果是用木板附加铁皮或水泥板等材料制成活动窝室，其体积可适当减小，但封闭性要好。在活动窝室中饲养的麝鼠须在秋后移入屋内饲养，待翌年春季再移到养殖场地。

运动场可以由露于水面的笼具代替，也可以由戏水池至多层窝室的结合部的空间设计而成。半漂笼养殖麝鼠的饲养管理与人工圈养养殖麝鼠的方法基本相同。所不同的是：

（1）需加强看护　半漂笼一般建于野外，故防麝鼠逃走，防止人为或其他动物破坏很重要。要定期检查、维修戏水池和运动场笼具。

（2）每天定时定量投喂多品种的水生植物　投喂的方式是将水生植物直接放置于运动场上的电焊网笼面上，令麝鼠自由采食。精饲料也要每天投喂一次，一般每只麝鼠每天饲喂 50 克，直接放置于采食盒中即可。投喂的精饲料，应满足麝鼠不同时期的营养需要量。

（3）定期观察麝鼠的繁殖情况，做好记录　尤其是在 4 ~ 9月，要详细记录麝鼠的婚戏时间及产胎数。以便做到心中有数，正确掌握麝鼠的分窝时机，保证多胎次繁殖。

（4）半漂笼养殖麝鼠　在野外越冬时，可将戏水池的笼具提到水面（冰面）以上，也可将其一半冻在冰中，封冻时禁止麝鼠下水。窝室及运动场上要大量堆积干草，备足麝鼠冬季的可食粗饲料，做好保温防寒工作。

冬季每 10 天或半个月投食一次，一次投喂量要大（一般是10 天或半个月的累计量），饲料应放在麝鼠经常活动的地方。

越冬期间，也要定期检查，做好记录，掌握麝鼠的动态，以便发现问题及时解决，如门齿过长应及时剪短，发现病鼠，应及时隔离治疗。

（5）越冬时　可将麝鼠放于空房内正常管理越冬，空房内的温度应不低于 -5℃。此外，半漂笼饲养的麝鼠可在秋后直接放入人工圈养的窝室内越冬。

（6）早春　一有活水（东北地区一般是在 4 月初），就应尽快将麝鼠移至半漂笼中饲养。此期间应加强营养，促进麝鼠体况的恢复和性器官的成熟。

5. 半开放笼式饲养

这是利用湿地丰富水草及广阔活动场地的特点，把人工笼舍饲养与自然条件融合起来的一种模式。具体做法是，用围栏圈围一定范围的湿地区域，并在区域内安置一定数量的人工制作的特殊的半开放式笼舍，然后将麝鼠放于笼舍中，让其在笼舍中生活起居，在湿地中采食、运动、嬉戏。

笼舍制作与一般人工饲养标准单层笼舍相似，不同的是把运动场取消，窝室与水池不严格隔开。并将窝室门敞开，直接与外面相通，让麝鼠可以自由出入。原来的游泳池改为笼网状，置放时将其放入人工挖低填高而出现的小水塘中，作为游泳池。

其结构与半漂笼相似。

这种饲养方式适合在有一定面积，且明水面很少的浅水湿地上进行较小规模养殖，如家庭养殖。在这种地方，麝鼠的游泳戏水习性不能满足，且地形平坦，难以自行打洞营巢，通过安置这种半开放式人工笼舍，对湿地进行适当的人为改造（挖低填高）扩大明水面。即可适应麝鼠生态习性。这种方式的目的性、针对性强，与自然条件形成互补，是一种可以考虑的小型养殖模式。

二、池塘结合型模式

利用池塘养殖麝鼠是南方多水地区一种比较适用的形式，即通过采用漂笼或半漂笼形式，把麝鼠放养在池塘中，利用塘水和塘中的水草养殖麝鼠，有条件的地方还可与种（养）其他生物结合起来，充分利用水面资源，获取经济收益。

事实上，由于池塘的功能各不相同，还可以根据池塘的不同水位深浅、水质等，配置出不同的麝鼠池塘结合形式。

1. 鼠鱼共生型

这种形式是将麝鼠养在深水鱼塘中，采用全漂笼养殖，而基本不采用半漂笼形式。上层是麝鼠，下层是鱼。将麝鼠养殖笼舍加上漂浮设备，使戏水池沉于水面以下，铁丝网水池即自然充满池水。注意要使窝室、运动场漂浮于水上。这种养殖方式的优点是省去了笼养时人工换水的程序，减少劳动量；离饲料地近，割草方便；戏水池随时和自然水联通更换，粪便道接冲走，利于卫生防疫。

麝鼠与鱼的共生互利形式是：一方面上层养殖的麝鼠可以利用鱼塘之中的水草及藻类，通过人为割取，麝鼠可以很方便地随时享用水灵鲜嫩的水草和浮藻，有利于增进食欲，迅速生长发育。

另外，水面比较恒定的温度，不致引起维持消耗的大幅度变化，有利于保证饲料利用效率的提高，同时还有机会在繁殖期在水池内捕获小鱼、小虾，补充动物性蛋白。

另一方面，下层的鱼可以获取麝鼠的粪便作为重要的食物来源。同时，有一部分粪便和吃食后剩下的饲料渣落入水中可以培肥鱼塘，使水草及藻类获取营养，生长发育更好，为鱼类和麝鼠提供更丰富的饲料来源。

2. 鼠藕结合型

这种形式一般在较浅的水塘中采用。南方往往在淤泥较多、水位较浅的池塘中种植莲藕、菱角、芦苇等，在这种池塘中养殖麝鼠也会收到较好效果。

由于水相对较浅，一般采用全漂笼与半漂笼相结合形式。在池塘中央布置全漂笼，而在四周岸边，可增设一些半漂笼，以充分利用四周岸边较丰富的水草。漂笼同前面所述一样，半漂笼就是用铁丝网做成水池，浸入水中，运动场与水池连成一体、但浮在水面之上。制做时窝室靠后，坐落在池塘岸边。

麝鼠养殖与水生经济植物结合的优越性显而易见，具体如下。

①可以利用一定的水面资源，同时发展经济动物与经济植物，获取双重经济收益。

②便于集中统一管理。

③上层麝鼠可以利用这类池塘水草、藻类生长丰富的特点，获取大量新鲜可口的饲草，有利生长发育。

④鼠可以在炎热的夏季利用高大的芦苇秆及宽阔硕大的荷叶为之遮阳，改善栖居环境，有利于其安全渡过繁殖期。

⑤在麝鼠繁殖期需补饲、加强营养的时候，正值池塘莲子溢香、菱角丰盛、芦根清甜的季节，可以适当采摘收取以补饲麝鼠。

⑥在全生育期的大量排泄粪便及饲料碎渣，将培肥池塘，有利于经济植物生长。同时，这些水生植物生长又有利于净化池塘，使麝鼠长年生活在一个比较干净卫生的水域之中。

⑦在秋冬挖藕季节，因须放水，有必要暂时撤掉鼠笼，待来年放水后，再行放置。

三、鼠鱼稻互利型模式

这种模式是在稻—鱼共生系统的基础上发展起来的。它是利用稻鱼系统所设置的较深的沟渠进行半漂笼养殖麝鼠的一种互利方式（图1-9）。由于稻田的特殊环境，它只适合于小规模养殖。

这种形式下，麝鼠的饲料来源一方面是稻田杂草，如稗草还有田埂上的其他来本科及豆科杂草；另一方面则来自周围环境。

这种综合模式为南方稻区提供了一种综合利用资源方式，它可以利用在南方许多地方已经实行的稻鱼共生系统，不需再进行稻田改造即可设笼放养，多增加一个收入来源。

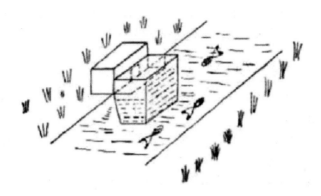

图1-9　鼠—鱼—稻互利型养殖

互利型养殖除了麝鼠可处理杂草以外，还可以为鱼提供粪食，也为稻田提供粪肥。反过来，稻田则为麝鼠提供了场所和水源，互惠互利，相得益彰。

值得注意的是，配置这种养殖模式，必须防止麝鼠受到药物毒害，因为稻田病虫较多，常使用农药。所以，这个系统要求稻田应使用低毒农药，半漂笼应尽量放在进水渠或深水渠，以减少栖息环境中的药物毒害的可能性。一般在已有的稻—鱼系统中是比较安全的。

四、林下笼养

由于麝鼠喜在夜间活动，对直射光线不敏感，夏季尚需遮阳防暑，所以，可利用林下空地，在果园里、防风林中间地带、山间林地等养殖麝鼠。

这种养殖模式采用笼养，根据情况建设十面式笼舍或立体式笼舍置放于林间空地。一方面，麝鼠的饲料可以就近解决；另一方面，麝鼠粪便还可以直接排入土壤，培肥果园或林地。

林下饲养应根据林间空地大小，合理安排鼠笼密度。不宜选择在过于荫蔽茂密的林间养殖，宜在疏林或新建果园中养殖。当然为了便于管理，选择地方应离住地较近。

五、庭院笼养模式

麝鼠养殖场地异味很小，不招蚊蝇，不招虫鸟，引入家庭庭院养殖非常适宜。

笼舍既可设在窗前、屋后，又可设在楼房的阳台上；这样既能利用住户水源及排水的方便条件，充分利用空间，又能利用菜根、剩饭等。这种方式就是模拟麝鼠在野生状态下的生态环境选用结实、耐用、麝鼠咬不坏的材料，制成笼舍，至于笼舍形式，可以是标准的，也可以是自制式的或改装式的，需根据庭院形式的不同来制作（图1－10）。

图1－10　庭院麝鼠养殖模式

庭院鼠笼可以用钢木结构，做成可移动的标准笼舍，如平面固定水池式、重叠式、楼式3种笼舍。但一般农户为了节省开支，又不影响其实用价值，往往采用砖砌圈舍，用水泥浇注水池面。

用石板或牛毛毡等盖上,既可防雨,又能遮阳。另外,有些农户干脆将水池也简化掉,在运动场上加一比较沉重的大水盆,作为水池,还可以随时撤下、换水,也很方便、实用。

六、房前屋后的半散放饲养模式

这是农户家庭饲养麝鼠的又一种常见模式。是农户充分利用自家较大的庭院面积,以及房前屋后的草地、小池塘等进行麝鼠粗放养殖的一种形式。

在许多地方,尤其在山区,农户家庭多单门独户,有较大的房前屋后的山坡草场面积,也有自家单独用的供淘洗猪食饲草及作别的用处的小型水坑(往往是自己人工挖掘而成),这是农户发展半散放饲养的良好环境。先做一围栏环绕在房屋四周,如面积很大,最好在围栏内远离猪舍、牛栏的地方再圈出一块地方以隔离麝鼠与家畜,然后在划出的范围内,置放几只人工窝箱(即不带水池及运动场的笼舍),窝室门敞开,放养一定数量的麝鼠让麝鼠在划定范围内自由取食。如用水不很方便,则应置放几只大木盆,定期换水,供麝鼠游泳、饮用等。必要时,还必须投喂精料以补饲。

这种模式的特点是管理方便,饲养成本很低,不影响农户以外的其他地方,不致发生一系列麻烦事情。但是,这种模式对农户庭院要求严格,只在广大山区的一些农户中较适用。它与家畜、家禽隔离不严格,应防治相互传染疫病。

第五节　人工饲养麝鼠的意义

麝鼠是一种在水中活动、陆地栖居的较珍贵的经济动物。人工饲养麝鼠能获得较高的经济效益。

一、麝鼠的经济价值

麝鼠全身都是宝，经济价值很大。

1. 珍贵的毛皮

麝鼠被毛的颜色在黑黄色和黑红色之间，既有金属光泽又很柔和。绒毛丰厚细软，针毛分布均匀，且略高于绒毛，长度适中，弹性强，手感丰富。淋水性和遇雨雪不湿性仅次于水獭皮，有很强的装饰性和保暖性。表1-1为毛皮密度、长度和细度的比较表。

表1-1　毛皮密度、长度和细度的比较表

项　目	密度（根/平方厘米）			长度（毫米）			细度（微米）		
	峰毛	针毛	绒毛	峰毛	针毛	绒毛	峰毛	针毛	绒毛
青紫蓝兔皮	8	544	14 348	40	25~30	20~25	98.4	77.8	15.95
旱獭皮	—	272	1 084	—	22~25	15~17	—	74.0	33.23
麝鼠皮	—	192	11 584	—	29~38	14~21	—	84.5	14.25
草狐皮	8	152	6 080	63	45~52	30~40	101.2	88.1	18.30
狼皮	—	344	2 948	—	40~69	25~32	—	109.5	18.48
貉皮	—	250	6 516	—	50~60	35~40	—	74.0	14.5
公水貂皮	—	712	21 472	—	22~26	14~17	—	82.35	12.67
母水貂皮	—	696	19 548	—	16~21	12~14	—	75.0	11.77
猸子皮	—	232	4 328	—	25~28	18~20	—	99.25	19.60
水獭皮	—	592	23 372	—	24~28	13~15	—	76.00	10.83

麝鼠皮由致密结缔组织构成，含有大量的胶原纤维和弹性纤维，薄厚均匀、细韧、油润、弹性强、板质结实。

麝鼠的换毛季节不明显，真皮纤维包围毛囊的密度大，毛根紧密地与毛乳头连接，所以毛和板的结合强度大，不轻易掉毛。

用麝鼠皮制成的皮衣、皮帽、皮领和皮手套，穿着轻便，耐磨，美观大方；制成的翻毛大衣和童衣，既保暖，又美观。

2. 高品味的肉食品

麝鼠肌肉重占活体重的 47%～50%，内脏重占活体重的 10%～12%，可食部分大约占活体重的 57%～62%，具有较高的产肉性能。麝鼠屠宰测定结果见表 1－2。

表 1－2　麝鼠屠宰测定结果表

类别	性别	范围	平均数	标准差
体重（克）	雌	645～1 000	840.27	179.64
	雄	850～1 050	934.75	82.6
体长（厘米）	雌	26～33.6	28.22	3.37
	雄	30～33.5	31.6	1.78
胸围（厘米）	雌	15.7～22.5	19.04	2.58
	雄	18～21.9	19.82	1.59
尾长（厘米）	雌	20～22.5	21.42	1.14
	雄	21.0～23.3	22.12	0.86
皮重（克）	雌	98～219	136.76	49.69
	雄	133～282	190.94	55.01
头重（克）	雌	40.5～64.1	53.92	9.12
	雄	55～68.8	60.94	5.43
心重（克）	雌	2～2.5	2.38	0.22
	雄	2.25～3.75	3.07	0.58
肝重（克）	雌	17.7～28.25	22.88	4.02
	雄	19.25～37.05	28.68	7.07
脾重（克）	雌	0.4～0.7	0.52	0.11
	雄	0.45～0.75	0.60	0.15

（续表）

类别	性别	范围	平均数	标准差
胴体重（克）	雌	283～469	357.9	92.49
	雄	308～524.5	428.1	79.28
屠宰率（%）	雌	34.17～44.8	40.93	5.87
	雄	45.95～48.89	48.51	1.76

麝鼠肉蛋白质含量较高，占肉质的20.1%。与大宗肉食品对比仅次于鸡肉和兔肉，脂肪含量低，只占3.9%，矿物质丰富，热量中等，是一种营养串富的肉类食品。麝鼠肉与其他畜禽肉营养成分比较见表1－3。

表1－3　麝鼠肉与其他畜禽肉营养成分比较　　（%）

种类	水分	蛋白质	脂肪	灰分	含热量（卡）
麝鼠肉	66.10	20.10	3.90	9.90	1 190
猪肉	46.80	13.20	54.00	0.60	59 990
牛肉	72.80	19.90	6.10	1.10	2 780
羊肉	51.30	13.32	34.65	0.73	3 790
兔肉	72.20	22.68	3.88	1.24	1 300
鸡肉	74.46	23.30	1.22	1.02	1 070
鸭肉	80.12	13.05	5.98	0.71	1 100
鹅肉	77.10	10.80	11.20	0.90	1 470
鹿肉	67.25	19.95	16.10	1.00	2 279

麝鼠肉颜色鲜红，pH值6.15，失水率为30.76%，熟肉率为62.15%。肉质细嫩，鲜美。如能加工成罐头、香肠，既便于保存，又可增加适口性，是一种很有前途的野味食品。

3. 麝鼠香

成龄雄麝鼠于每年的 4～9 月在麝鼠香腺中分泌麝鼠香。利用现代化学分析手段，从麝鼠香中检测出麝香酮、降麝香酮、17－环烷酮、酯、脂肪酸等成分 50 余种。通过近两年的研究还发现，应用麝鼠香的二次加工技术，即对麝鼠香中大环酮、酯类及脂肪酸等成分进行分子修饰，可加工出具有极高经济价值的巨环麝香酮动物香料新产品。此外，应用麝鼠香的原料还可进一步开发出治疗冠心病，促进人体生长的含有更高科技含量的医药新产品。

4. 驱逐蚊蝇的物质

麝鼠能释放一种无臭、无味、看不见、摸不着的物质，该物质有驱逐蚊蝇的效能。通过人们的努力，有可能将该物质生产成为可防治蚊蝇的生物制品。

二、饲养麝鼠的经济效益

1. 投资小，成本低

（1）设备简单　只要利用房前屋后或田园空地，修建成繁殖的窝室就可饲养麝鼠。若养殖场地具有较大的水域面积，则可利用漂笼或半漂笼进行迅速扩繁。养殖的设备则更为简单。

（2）食谱广，饲料来源多　麝鼠是草食经济动物，主要以蒲草、苇、小叶樟及各种陆地上生长的草为食料，只要牛、羊、马、兔及鹅等能食用的草都是麝鼠很好的饲料。此外，多种树枝、树叶、树皮也可饲喂。在粗饲料的饲喂上，越不花钱、越少花钱的饲料，饲养的麝鼠越健康，产仔率也好。在精饲料的饲喂上，将玉米、豆粕、麦麸、米糠进行合理搭配即可。总之，麝鼠的饲料到处都有，取之不尽，用之不竭，正如人们所说："只要有绿色植物，麝鼠就有吃的"。

（3）养殖麝鼠占地少　在陆地养殖麝鼠占地少，每饲养一对，仅需占地 1.0 平方米。利用较大水域或水沟进行漂笼或半漂笼养殖几乎不存在占地问题。

2. 收益高，见效快

（1）麝鼠的繁殖力强，生长快　雌麝鼠妊娠期仅 28 天，一只成龄雌麝鼠一个繁殖年份可繁殖 2～3 胎，每胎产仔 5～8 只，多的可达 10 只以上，仔麝鼠 6～7 个月可达到成龄麝鼠体重，这时既可取皮，又可作为种鼠推广。

（2）麝鼠产品销路广，市场前景广阔　用麝鼠皮制成的成品，既有保暖性，又有装饰性。麝鼠皮在国际市场上享有软黄金之称，可出口创汇。麝鼠皮及其制品在国内市场上也深受人们的喜爱。此外，麝鼠香还可加工成香水、膏霜、香料等产品。

3. 省工、省力、省时

麝鼠的适应性强，饲养管理方法简单，饲料割取方便，在有自来水的条件下，一个劳动力饲养 100 对麝鼠并不感到困难。当采用漂笼或半漂笼养殖方式时，一个劳动力管理 200 对麝鼠也是很轻松的。

4. 综合养殖，立体开发

麝鼠对光线不敏感，可将圈舍建在果树下、田地中，利用池水浇灌果树或蔬菜，建立立体开发的模式。用漂笼或半漂笼养殖麝鼠时，可同养鱼、养鹅、养鸭等结合，即用麝鼠的粪便、烂草和吃剩下的饲料喂鱼。另外，水域中的野生小杂鱼又能进入水池的笼网中，为麝鼠提供鲜活的动物性饲料，这样可节省精饲料的投喂。麝鼠粪无味，并能驱逐蚊蝇，特别适合家庭庭院的养殖。

三、饲养麝鼠的生态效益

麝鼠的自然野生资源，主要分布在东北一带。但是，据调查，近年来，由于自然生态环境的破坏以及一些主产区的滥捕滥杀，致使野生麝鼠资源骤减，使这一宝贵的优质毛皮资源前景堪忧。因此，通过大力发展人工饲养麝鼠，对保护野生麝鼠资源，具有重要的生态意义。

养殖麝鼠无臭、无味，干净卫生。同貉、貂等毛皮兽比较，对环境的污染程度轻，同时，很少同人、畜、禽相互交叉传染疾病。庭院养殖麝鼠可根据"食物链"的原理和空间立体利用原理加以多层次利用。既可增加综合效益，又可减少对环境的污染，化害为利，是一种良性的生态循环体系。

以麝鼠—葡萄—细绿萍的体系为例，麝鼠白天进洞，夜间活动，不但对直射光要求不严格，而且会因受强烈阳光直射，温度过高而中暑，所以，小舍上面必须加遮阴棚，若把麝鼠舍建在葡萄架下面，则麝鼠的粪水可灌浇葡萄，而葡萄又可为麝鼠遮阳，待春、秋季麝鼠需光时，葡萄的叶片或是没有发出来或是叶片已脱落，这时麝鼠便可获得充足的光线。可见葡萄是调节养殖麝鼠的局部环境条件的媒介。这种养殖方式的建立，可获得麝鼠多产仔、葡萄多丰收的双重效益。此外，麝鼠浴池中的肥水可集中贮存，用来种植细绿萍等水草植物，也可在池中养鱼，而水草植物可用来喂鸭。利用全漂笼或半漂笼养殖麝鼠能获得更为可观的生态效益。

四、养殖麝鼠的社会效益

1. 农村生产责任制落实以后，农民的生产积极性很高，剩余劳动力较多，麝鼠养殖一方面可以安排剩余劳动力，另一方面又能增加收益。

2. 养殖麝鼠既可获得大量的毛皮，又可获得优质肉产品，这对活跃市场，提高人们的生活水平，有积极的意义。

3. 养殖麝鼠可带动三项大产业的发展，即麝鼠养殖业，麝鼠毛皮、肉等产品的加工业，麝鼠香加工业的发展。

4. 养殖麝鼠为我国乃至世界畜牧业的百花园里增添了一个新品种，为庭院经济增添了新内容。

第二章　熟悉麝鼠的特性

第一节　麝鼠的分类及形态特征

一、麝鼠的分类与分布

麝鼠（图2-1）在动物分类学上属啮齿目、仓鼠科、田鼠亚科、麝鼠属、麝鼠种。俗称青根貂、水耗子、麝香鼠，是一种小型珍贵毛皮动物。

图2-1　麝鼠

麝鼠原产于北美洲（北纬28°～38°）的森林中，并在100多年以前就被当地人保护、放养及利用。由于数量多，鼠皮质量好，经济价值高，引起欧洲各国的注意，并先后引入、驯化。最早的人工放养，要首推东欧的捷克和斯洛伐克、奥地利及匈牙利等。20 世纪 20 年代以后，世界上许多国家开始引进繁殖加拿大、美国、芬兰、荷兰、法国、比利时、瑞士、德国、罗马尼亚、保加利亚、日本等国先后引进，大量散放和风土驯化均获成功。前苏联从 1927 年开始引入，到 50 年代初即在 500 个驯化区拥有 17 000 只麝鼠。

一般认为，我国的麝鼠资源是由俄罗斯沿界河自然扩散迁徙而来。我国最初发现麝鼠的时间被认为是 1945 年。当时，在黑龙江省的呼玛一带，有麝鼠栖居繁殖。1957 年，我国首次主动从前苏联引种 300 只，散放于南方的浙江、贵州等省，麝鼠即传到南方。到了 50 年代初，全国已有 60 多个麝鼠散放点，从南至北，从东到西，广泛分布于 23 个省、市、自治区。其中，新疆、黑龙江、贵州、湖北、浙江、辽宁、内蒙古自治区（全书称内蒙古）等省区规模相对较大。现在，麝鼠在我国大部分地区已风土驯化成功，安家落户。

麝鼠人工家养，在东欧各国较为普遍，而且规模较大。前苏联、捷克和斯洛伐克、波兰等国从 20 世纪 80 年代初开始有关于麝鼠养殖的报道。在我国，从 20 世纪 50 年代主动引进种鼠以来即在部分省区开始家养试验，并在此基础上发展养殖场养殖。1979 年，黑龙江省讷河县专业户试养麝鼠成功，为全国性麝鼠人工饲养提供了宝贵的经验，有力地促进了麝鼠养殖的发展，近年来，家庭及饲养场养殖麝鼠兴起，吉林、辽宁、浙还、四川、河北等省继黑龙江以后也先后试养成功，并呈迅速发展的势头。

二、麝鼠的形态特征

麝鼠体型肥胖，像个大老鼠，呈椭圆形，身长 35～40 厘米，尾长 23～25 厘米，体重 1～1.5 千克，个别达 2.5 千克，是田鼠亚科中体型最大的，见图2-2、图2-3。

图2-2 麝鼠侧面照

图2-3 麝鼠正面照

麝鼠周身绒毛致密，背部是棕黑色或栗黄色，腹面棕灰色。

尾长，呈棕黑色，稍有些侧扁，上面有鳞质的片皮，有稀疏的棕黑杂毛。刚离窝独立生活的小鼠，尾巴的侧扁不明显。

麝鼠头略扁平，头骨粗壮，背面扁平，项间孔小，项骨与额骨较窄，眶间宽很小，额骨中央的矢状嵴明显，其前部分叉，在鼻骨后形成凹窝。

麝鼠的眼睛位于头的两侧，眼球外凸，小而黑亮，由于进化的原因视力较差。麝鼠的耳朵短小，隐于长毛之中，耳前有较发达的皱褶，可以随时关闭外耳道，以适应麝鼠在水中觅食等活动。麝鼠的鼻腔发达，嗅神经细胞十分丰富，这种特殊的生理结构加大了嗅觉器官的表面积，因此麝鼠的嗅觉非常灵敏，可迅速区分食物是否有毒，辨别自己的幼崽并接收同类通过气味传递的信号。麝鼠嘴端钝圆，嘴边有稀长胡须。

麝鼠牙齿结构与田鼠相似，上下颌各有一对长而锐利的门牙，呈浅黄色或深黄色，露于唇外，门齿齿根豁开，且基部髓质细胞终生保持着分裂机能，所以其门齿能不断生长、伸长，除正常采食、打洞磨损外，还可咬啃东西，以抵消其生长速度，臼龄咀嚼面呈交替的三角形，即折叠式磨灭面，上下颌各有 3 枚。其齿式为 $\frac{1 \cdot 0 \cdot 0 \cdot 3}{1 \cdot 0 \cdot 0 \cdot 3} \times 2 = 16$。当年麝鼠牙齿呈白色，上下齿咀嚼面较平，下门龄较尖；2 年的麝鼠上门齿呈黄色，下门齿微白色；3 年的麝鼠上门齿呈棕黄色，咀嚼面向里斜，下门齿较平；老年麝鼠上门齿呈铁锈色，下门齿深黄色，牙齿磨损得参差不齐，如图 2 - 4、图 2 - 5。

麝鼠颈部短而粗壮，与躯干部没有明显的界限，活动不灵活。躯干部较大，胸腔比同体积的其他兽类偏大，这是因为麝鼠肺发达的缘故。腹部比胸部大得多，并有弹性，这是因其食草，胃肠发达的缘故。背部、腰部和臀部都很丰满，宽而圆；窄瘦者是外貌上的缺陷。

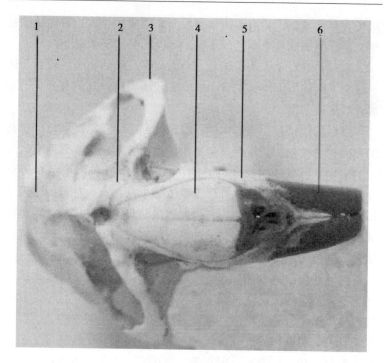

图 2 - 4　麝鼠上颌骨
1. 顶骨；2. 额骨；3. 颧骨；4. 鼻骨；5. 前颌骨；6. 上门齿（唇面橙色）

　　麝鼠前肢短小灵活，前肢 4 趾爪锐利，内侧生有硬毛，趾间无蹼。前肢比较灵活，能够像手一样拿着食物送到口中进行啃咬。后肢比前肢略长、且强壮有力，趾间有半蹼，并有硬毛，下水即开张，利于游泳。

　　麝鼠的尾巴很长，根基部呈圆形，中、稍部呈扁形，表面有鳞质的片皮，有稀疏的棕黑杂毛，皮厚且耐磨。尾巴在潜水、游泳时可以作为舵掌握平衡和方向。尾神经不敏感，提抓时似无感觉，触之有冷凉感，冬季易冻僵，但温度逐渐回升后，还可缓

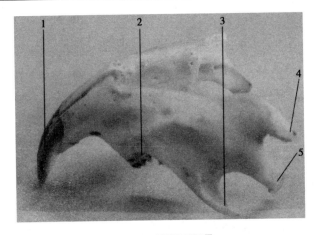

图 2-5　麝鼠下颌骨
1. 下门具；2. 下臼齿；3. 冠状突；4. 角突；5. 关节突

解。麝鼠尾的粗细和形状与年龄、性别有很大关系，一般情况下成年雄性麝鼠尾巴根部趋于圆形，尾中部较窄且厚；而成年雌性麝鼠尾巴根部稍扁、中部较宽且薄。

　　麝鼠毛分为针毛、绒毛和触毛 3 种类型。针毛长而稀少，光滑耐磨，富有弹性。每根针毛又能分出 3 种颜色，尖端黑褐或红褐，基部淡白，中间略带灰色，因此，其毛皮别致而美观。绒毛细、短而密，质地柔软，颜色青灰。在麝鼠的鼻子两侧和眼眉上长着长而硬的触毛，其根部具有丰富的神经末梢，有触角作用。

　　麝鼠周身绒毛致密，针毛、绒毛层次清晰，背部棕黑色或栗黄色，腹部棕灰色或苍黄色。夏、秋季节被毛色泽较淡，冬、春季节则深些；幼龄麝鼠（3 个月龄前）毛色发灰而无棕色，随着日龄的增长，颜色日渐加深，到 4 个月龄以后接近成龄麝鼠。

　　麝鼠每年换毛一次，常年进行不明显的换毛，但适时取皮应是水温最低的时节，即 11 月到翌年 3 月，称为季节皮，夏季收取的毛皮质量虽不及季节皮，但也有一定利用价值。

第二节　麝鼠的生活习性

一、栖息条件

1. 对温湿要求不严

麝鼠尽管原产北美森林地区，但却具有普适性生态习性，对温度、湿度等的要求并不十分严格。它可以在我国寒冷的东北、干旱的西北地区生存繁殖，也可以在南方多湿温暖，甚至高温炎热的地区落户。

2. 喜欢在水边穴居

麝鼠属半水栖动物，喜欢活动在水中，栖息在陆地上，在水边洞穴中居住和繁殖。喜欢栖息在水草茂盛的低洼地带，沼泽地、湖泊、河流、池塘两岸，以浅水、稳水和漂筏甸子最多。靠近水源的草丛、丛林间亦有栖息者，见图2－6、图2－7。

图2－6　麝鼠生活环境

除了水草极度贫乏，湖水易干涸，冬季结冰到底的小湖之

图 2 - 7　麝鼠生活环境

外，一般湖泊都适于麝鼠栖息，大湖湾、宽阔的湖滩和杂草丛以及芦苇丛等地带，水深 1～3 米，风浪小，也是麝鼠良好的栖息地。江河弯曲多，水面比较窄，岸边植被丰富，隐蔽条件好，只要不是山间河沟，一般都适于麝鼠栖息。沼泽地有一定深度的地表水域或不大的明水面，水草繁茂，尤其是水生植物多，虽无明显的岸线，但具有挺水植物汇成漂筏，也是良好的麝鼠栖息场所。

二、麝鼠的洞、巢

麝鼠具有两栖特性。它常栖居于低洼地带、沼泽地、湖泊、河流、池塘两岸，这些地方水草茂盛、环境清静。在靠近水源的草丛、山坡、林地间也常有麝鼠打穴居住。麝鼠洞穴主要分布于岸边，有浅水的芦苇和香蒲草丛中，也有在水上的漂筏甸上（人工放置或自然存在）筑巢的。麝鼠喜欢在水位较平稳、岸坡较陡的、隐蔽条件较好的地方打洞筑巢。

1. 洞巢的结构

麝鼠生性多疑、胆小、谨慎，因此其居住洞穴结构比较复杂。洞穴往往由洞道、盲洞、贮粮室、巢穴等部分组成，且洞道七弯八拐，多分支，分上下两层纵横交错、上下贯通，形成网状（图2-8），洞穴有多个出入口，口径一般为15厘米，而且多在水位以下10~20厘米处，个别也在水面以上，随水位升降可分出上、下层出入口。

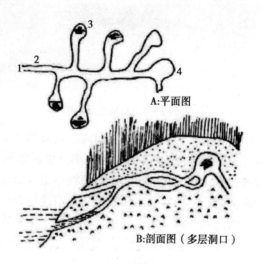

图2-8　麝鼠洞巢结构

1. 洞口；2. 洞道；3. 粮仓；4. 窝室

　　有时麝鼠还能视水位变化分层修筑。洞道由水面以下远离岸边呈上坡走向，在洞口附近有约40厘米长充满水，越向上水越少其巢穴已远离河流几米甚至几十米，已高出水面50~100厘米，因此巢室是干的。在洞道上有许多盲道分支，而且有几个粮仓，储存饲料，并有几个通道直接通向水域；其巢室分为夏巢、冬巢两种。夏巢产仔前建造，往往就近取材用苇根等垒成，形如土墩，巢大约队0.5米×0.5米产仔后再建一室，形成巢组。冬巢是在9月份麝鼠结束繁殖后建造，巢体比夏巢大很多，一般可达2米×2米，内有巢室3~5个。

2. 洞（巢）组的形成

麝鼠一般以家族的形式住在一起，其住所多不在一处，往往由几个洞（巢）组成，称为洞组或巢组。繁个家族的洞（巢）组的构成，大多数是以一个复杂洞（巢）作为主洞（巢），其他的是附洞（巢）。简单的洞巢，附巢体小，数量不等，少的 2~3 个，多的 5~6 个，冬季巢组间距离多在 8~44 米，巢组对于越冬的麝鼠起很大的作用，巢组中每一个巢体都是它下水活动的"驿站"，到此换气，同时又可以储食，从而扩大了麝鼠冰下取食的范围。

三、活动规律

麝鼠爱活动（图 2-9，图 2-10），但由于较为肥胖，四肢短小，身体伏地，因此，其活动半径尤其是陆地上活动半径受到一定限制，区域性很强而且活动时间、次数、路线都呈现出较强的规律性。

1. 活动时间

麝鼠全天均可外出活动及采食，但一般在白天尤其中午活动较少，而黎明、黄昏时分及夜间活动频繁，具有一定的夜行性。

从季节上看，在繁殖季节的两头即初春 3~4 月及秋末 10~11 月活动量较大，几乎每隔半小时就从洞里到水上往返一次。而在繁殖季节，外出活动减少，主要在洞内及附近水域进行交配、繁殖。到了冬季，则活动更加减少，但麝鼠并不冬眠，往往也咬开、撞碎薄薄的冰层，在水下游玩，活动。在冬天不仅能见到麝鼠在冰水里游泳，碰巧还能目睹其在雪层下自如活动的景观。不管在什么季节，一般在恶劣天气情况下，如大风、暴雨、冰雹也会暂时停止活动，避免受到伤害。

2. 活动半径

根据追踪观察，可以发现麝鼠的采食、排便甚至游泳的路线

图2-9　麝鼠活动

都比较固定，其活动半径相对稳定。一般在水面上活动半径较大一些，道线距离总是在100~200米，活动范围保持在1 000平方米左右。而在陆地上活动范围更小，直线距离多在50~100米，活动范围往往在200平方米以内。

　　不过，麝鼠的活动半径也不是总固定不变，它受到区域的环境条件、饲草情况、栖息密度、人为干扰等各方面的影响，一般栖息密度大，饲草数量少、人为干扰重、环境条件差的区域，麝鼠活动半径较大，其范围可达到600~4 000平方米。

　　3. 活动方式

　　麝鼠喜游泳，在水中能自由自在地活动。其潜泳能力很强可较长时间潜入水面以下。据观察，在水下潜泳觅食时，一般2分钟不露头，若遇上天敌需要躲避时，它可以在水下潜泳5分钟而不需换气，最长潜水可达10~15分钟。水面游泳姿势为潜泳式，以后肢展开的半蹼划水，每分钟可前进20~35米。夏季多中浅水区活动，而秋冬则到深层水区活动。

图 2 - 10 麝鼠活动

麝鼠好斗，行动比较隐蔽，一般情况下，不同家族的鼠群难以友好相处，共处一地并不多见，鼠群多以血缘关系结群。当遇到外族或异类入侵时，鼠群会对敌展开激烈格斗，并不吝惜伤亡。

麝鼠视觉及嗅觉相当迟钝，但听觉却很灵敏，稍一有响声即迅速回洞隐蔽或就近潜入草丛、水中以察动静。

四、种群变动特性

与所有动物一样，在某一区域，麝鼠种群达到一定的密度阈限，都会发生扩散、迁徙，这种种群变动可以分为自疏和他疏作用（图 2 - 11）。

所谓自疏，是指麝鼠在某个地域繁殖后，为了保证该地区恒定的密度及足够的食物，麝鼠种群自行疏散，向外推移或向新的区域迁徙。这种自疏作用速度很快，一年四季均可进行，但主要是在初春分窝繁殖前和秋季雨水较大时集中进行。自疏的主要方式是麝鼠陆上迁移，经过向远离中心的区域边沿渐进推移而最终脱离原来的区域，重新繁衍家庭。另外就是借助水流，尤其是洪水泛滥时随水漂流到较远的地方，在下游水域寻找合适地方安身。除了以上的积极性自疏作用以外，还可能发生一些消极自疏，即种群过大时，引发流行疾病引起大规模死亡，或因争食相互残杀等使密度减小。

图2-11　麝鼠种群

他疏作用，即通过外界力量主动进行密度调节。一般的积极方式是通过组织有计划的猎取，来维持正常的密度。天敌为害也是他疏作用的一种。麝鼠的单位面积栖居密度主要取决于自然景观如植被、环境、季节和水文等。一般来说，明水面宽的水域，因水草及隐蔽物少则密度小，相反在多湾曲、湖湾、河汊、沼泽地、芦苇丛岸等地密度大。据统计调查分析，在一般情况下，每公顷保持10~20只较合适，条件好一些的，可保持在70~100

只。但具体密度阈限应根据实际情况斟酌而定。只要超过这个阈限就应及时组织猎取收皮或向外调种等。

要注意人为干扰及自然灾害将加剧这种种群扩散。

五、寿命与天敌

麝鼠是一种小型动物，自身防卫能力有限，所以，天敌很多。主要有狼、狐狸、貂、黄鼬、犬、野猫等中小型动物，当然也有大型猛兽如虎、豹等，另外，食肉类大型猛禽如一些水禽、鹰、雕和鸮等，也是麝鼠危险的天敌。麝鼠防患天敌的主要策略是采用大量繁育种群的方式，以保持种群的相对稳定。基本保护方式是积极躲避，以草丛、树林等作物为掩护或以水为屏障，保存自己。

麝鼠每年被天敌吃掉的数量是相当多的，在自然状况下，除了水位变动时被淹死部分仔鼠外，其余大部分麝鼠的死亡都与天敌有关，特别是黄鼬和鸮（猫头鹰）这两类捕鼠能手，只要有相遇机会，几乎都要被它们吃掉或咬死。

野生麝鼠的寿命不长，3年龄以上成鼠数量不多，种群年龄结构季节性变化稳大。人工饲养时，由于改善了生存条件，麝鼠寿命有所延长，一般寿命在4~5年，最长可达10年。家养麝鼠的可繁殖利用年限为公鼠2~3年，母鼠4~5年。

第三节 麝鼠的繁殖特征

一、性成熟时期

一般地讲，麝鼠3~6月龄即达性成熟，可以进行交配、繁殖。公母鼠性成熟时间略有差异。母鼠性成熟为3个多月，即120~140天；公鼠所需时间稍长，为5个月以上，一般150~

160 天。性成熟后的麝鼠即有明显的性表现。

二、发情周期

公鼠发情周期呈年周期变化，每年南方 3 ~ 10 月、北方 4 ~ 9 月为公鼠发情期，经常保持有成熟的精细胞，随时可以配种。10 月末至翌年 2 月，气候寒冷，新鲜食物有限，睾丸逐渐萎缩，性欲减退，失去配种能力，进入静止期。母鼠发情期总体与公鼠同步，但呈月周期变化，一般发情周期为 15 ~ 22 天，每次发情天数为 4 ~ 6 天，其中旺期为 2 ~ 3 天。公、母鼠在发情期间即 3 ~ 10 月均为繁殖季节。

三、繁殖能力

母鼠妊娠期为 25 ~ 29 天。饲养条件好的地方，母鼠一年可产 3 ~ 4 胎，每胎产仔 6 ~ 8 只，年产仔可达 18 ~ 25 只。按成活率 80% 计，保存数有 15 ~ 19 只。

第四节　麝鼠的食性特点

一、觅食行为

麝鼠靠视觉、嗅觉等感觉器官觅寻食物。在食物丰富的情况下，它是不吃其他特殊食物的，这种行为表现了麝鼠对食物的记忆是相当牢固的。为此，在人工饲养条件下尽量做到食物多样化，并应保持相对的稳定。

麝鼠的主要食物是草类，为躲避敌害的袭击，在多数情况下，把食物搬运到一个比较固定的场地（食台）进食，一般是在离水较近，周围植物被略稀疏且高于水面的塔头墩或土色上，便于发现敌害而逃避，比较安全。

二、采食行为

麝鼠可后肢着地"坐"着用前爪拿着食物吃，麝鼠采食直立而较粗的草时，身体略立起，用前肢紧握草茎，用嘴在两前肢间咬断，再用嘴叼住，拖到固定地点，然后选其可食的部位，仍用前爪紧握其边缘，用嘴咬食，同时发出"喳喳"的食草声。麝鼠咬食动作很快，每分钟有150多次，随咬随送入口腔，待口腔中存有一定量的食物时，便停止往嘴里送食，进行咀嚼，咀嚼时以下颚运动为主，每分钟可达170次，嚼碎后进行吞咽（每吞咽一次为一口），麝鼠在吃食时舌头很少外露。麝鼠在采食较矮且细的草时，咬和撕同时进行，撕断的草在嘴里叼着不放，再继续撕咬其他草，待塞满口腔为止，再叼送到食台上或送进洞内进食（图2-12、图2-13）。

图2-12　麝鼠采食

图 2 - 13　麝鼠采食

三、采食量

　　麝鼠体形小，食量也不大，一般日采食量相当于体重的40% ~ 50%，即平均每只采食植物类饲料250 ~ 500克，谷籽类25 ~ 50克。从季节变化上讲，由于夏秋温度高，活动量大，消耗多，而且进入繁殖季节，所以食量相对要大，而在冬春要相对少些。除了采食新鲜饲料外，麝鼠还有食粪特点，将新排出的粪便重新吃进去进一步消化吸收其中的营养成分，如蛋白质、无机盐、维生素等。

四、储食

　　麝鼠食物来源广泛，一般并不发生季节性短缺，但是，不同季节的食物还是有不同的适口性。所以，麝鼠在越冬期、产仔泌乳期由于活动频率减小，也往往对食之有味的美味佳食，一次性大量采回贮藏备用。麝鼠贮食很有规律，野生麝鼠将余食存贮在洞道中的专用贮仓内。贮仓内一般清洁干燥，所以贮存食物无腐烂变质现象，贮存期可达 10 ~ 15 天。家养麝鼠没有专门贮食场所，一般贮存在小室或走廊角落。

五、食物组成

麝鼠是草食动物，其食物结构中水生植物和其他植物约有 120 多种，占 93.4%，动物性食物占 6.6%。麝鼠喜食水生植物，包括植物的幼芽、枝、叶、果实及鲜嫩的块根、块茎等；也食陆生（山间林缘及河谷两岸）的野草、野菜（食其根系）；栽培的作物、蔬菜及其果实，木本类植物等。在植物性饲料不足或奇缺时，麝鼠还可食小型动物充饥，如河蚌、田螺、蛙、小鱼等动物性食物。作物的籽实也是麝鼠常年采食的，如玉米、大豆等；作物的副产品，如玉米叶、水稻嫩枝叶、豆类的枝叶等都可做为麝鼠的食物；蔬菜中的根、嫩叶及浆果等也都是麝鼠的喜食食物，尤其是白菜、胡萝卜、甘薯等更为喜食。木本植物中最喜食的是山里红、李树、榆树等的果实；杨树、柳树、榆树、榛树等的枝叶、树皮及细嫩的幼枝；椴树、柳树采伐后，根部周围分生出的嫩枝条等；草本植物主要有低洼地带或水生植物，如泽泻、水葱、芦苇、香蒲、大叶樟、小叶樟、水芹、三棱草等；山间林缘的问荆、蒿类以及田间路旁的车前、蒲公英、节节草、苋菜、猪毛草、野大豆、野稗等多达百余种。

采食较差的有桦树、槭树、落叶松等的枝叶，红松、核桃楸、黄菠萝等基本不食；玉竹、小玉竹等有毒，可使麝鼠致死。另外不能用于喂麝鼠的植物还有：紫苑（驴耳菜）、苍耳、草乌、毛茛、白头翁、山芍药、威灵仙、侧金盏花、唐松草、石龙芮、天南星、蓖麻、烟草、白屈菜、大麻、毒芹、藜芦、羊蹄、鼠李、龙葵、曼陀罗、麻黄等。

麝鼠一年四季均以草类为主食，可以利用各种作物、蔬菜以及无毒野生草本和木本植物，从根茎直到花果，谷类的籽实及其副产品是完全可以满足麝鼠常年的饲料需求，大量的水生和陆生的草本类植物能解决大部分月份的青绿饲料，木本类植物在麝鼠食物青黄不接的3月、4月起补充作用。可见麝鼠的食物来源是广泛的，并无季节性短缺。

麝鼠食性（植物部分）及喜好程度的观察结果见表2-1。

表2-1　麝鼠植物性饲料种类及喜好程度

名称	根	茎	叶	果	株	名称	根	茎	叶	果	株
芦苇	***	***	***	—	***	黑三菱	*	**	***	—	**
大叶樟	*	**	***	—	**	慈姑	*	***	*	—	*
小叶樟	*	**	***	—	**	荇菜	—	**	**	—	*
蒲草	**	**	***	—	**	睡莲	*	***	***	—	***
水田稗	*	**	***	***		蓼	—	**	**	***	***
稗子	*	**	***	***	***	野灯心草		*	**	—	—
野稗	*	**	***	***	***	灯心草		*	**	—	—
萍蓬草	**	**	***	—	**	飘拂草		*	**	—	—
金鱼藻	**	**	***	—	*	针蔺		*	**	**	—
菱角	*	**	***	**	*	通泉草		*	**	—	—
莲	***	**	**	***	**	看麦娘		*	**	—	—
木贼	—	**	—	—	—	毛茛		*	*	—	—
问荆		**				小飞蓬		*	**	—	—
节节草		**				三叶委菱					
水葱	*	—	**	—	*	委菱菜	*				
香蒲	*	***	*	—	*	蕨	—	*			
苔草	—	*	—	—	*	酸模					

（续表）

名称	根	茎	叶	果	株	名称	根	茎	叶	果	株
三菱草	**	*	***	—	**	秋鼠麴草	—	—	**	*	—
假稻	—	*	**	*	—	风尾草	—	—	*	—	—
大戟	—	*	*	*	—	狼尾草	—	—	**	—	—
泽泻	—	—	*	—	—	狗尾草	—	—	**	—	—
野决明	—	*	**	**	*	水巢菜	—	—	***	—	—
金爪儿	—	—	*	—	—	山蒿	—	*	**	—	—
长圆叶水	—	—	*	—	—	水蒿	—	*	**	—	—
夏枯草	—	—	*	—	—	鸡头菜	—	**	***	***	*
水鳖豆	—	—	*	—	—	荠菜	—	**	***	—	***
臭荠	—	*	***	—	*	梨	—	—	*	***	—
蒲公英	**	***	***	—	***	辣椒	—	—	*	**	—
猪毛菜	—	*	**	—	—	萝卜	*	—	*	*	*
蔨菜	—	**	**	—	*	菠菜	*	***	***	**	***
苋菜	*	**	***	**	—	白菜	*	**	***	*	***
鸡眼菜	—	*	***	*	—	大头菜	*	*	***	*	***
老鸹草	—		***	*	—	卷心菜	*	*	***	*	***
草木犀	—	*	*	*	—	甘蓝	*	*	***	*	***
车前	*	**	***	**	—	油菜	*	*	***	**	***
苍耳	—	*	*	—	—	马铃薯	**	—	*	—	—
关苍术	*	*	—	*	*	甘薯	**	*	***	—	*
黄花菜	*	**	***	—	**	甜菜	***	*	**	***	***
山杨	—	—	**	—	—	南瓜	—	—	**	***	—
加拿大杨	—	—	**	—	—	西葫芦	—	—	*	***	—

（续表）

名称	根	茎	叶	果	株	名称	根	茎	叶	果	株
钻天杨	—	—	*	—	—	西瓜	—	—	*	***	—
柳树	*	*	**	—	—	黄瓜	—	—	*	***	—
桦木树	—	—	*	—	—	香瓜	—	—	*	—	—
柞木树	—	—	**	***	—	菠萝	***	*	*	***	—
榆树	—	—	***	*	—	番茄	—	—	***	***	—
糠椴	—	—	***	—	—	茄	—	—	*	—	—
紫椴	—	—	***	—	—	芹菜	*	***	—	—	**
地锦槭	—	—	*	—	—	葱	*	*	*	*	—
胡枝子	—	—	***	—	—	蒜	*	*	—	—	—
榛	—	—	*	***	—	韭菜	*	—	**	—	*
刺玫瑰	—	—	*	***	—	玉米	—	*	*	***	—
山杏	—	—	*	**	—	高粱	—	*	***	***	*
苹果	—	—	*	***	—	谷子	—	*	***	***	—
豌豆	—	—	—	***	*	稻	*	*	***	***	—
蚕豆	—	—	—	***	*	小麦	—	—	***	***	—
花生	—	—	—	***	*	大麦	—	—	***	***	—
向日葵	—	—	—	***	—						

注：喜食程度分级："*"较喜食；"**"喜食；"***"非常喜食；"—"不喜食

第三章　麝鼠每天吃什么

第一节　麝鼠的消化特点

一、麝鼠消化器官解剖

口腔　是整个消化道的起始部，是采食、吸吮、咀嚼、尝味及吞咽的场所，内有齿、舌、腭和唾液腺。麝鼠的牙齿构造与排列非常适合于其食草的特点，牙齿分为门齿和臼齿，没有犬齿和前臼齿。发达的门齿非常锐利，可以随意啃咬食物，也是防御外敌和格斗的武器。折叠式的磨面的臼齿可将食物碾磨成细末，咀嚼食物的能力很强。舌较发达，丝状乳头、菌状乳头全覆盖在舌体黏膜上，舌长 4.4~5.0 厘米，宽 0.6~0.8 厘米，使麝鼠能够正常地品尝食物的味道。腮腺、颌下腺和唾液腺均较为发达，口腔中的唾液腺在采食时能够分泌大量的唾液，与食物充分混合，有利于食物的消化。

胃　是消化道的膨大部，呈弯曲的囊状，位于腹腔内季肋部的前方，分为胃盲囊、胃体和胃窦部。在胃的小弯侧形成明显的球形膨大。胃大弯长约 13.3~16.1 厘米，小弯长约 2.3~3.2 厘米，胃黏膜紧贴胃内壁，分为无腺区、贲门腺区、胃底腺区和幽门腺区，腺区的分泌腺体比较发达。

盲肠　和其他草食性动物一样，麝鼠的盲肠非常发达，具有较强的消化机能。盲肠大部分位于腹腔的右半部，小半部分位于左半部分，长而细，长约 23.4~36.5 厘米，盲肠底的管径平均为 3.6 厘米左右，盲肠体的管径平均为 3.2 厘米左右，盲肠尖的起始部较细，管径平均为 0.8 厘米，盲肠尖稍弯曲并变粗，管径平均约为 2 厘米。

消化道 即肠道。麝鼠的整个消化道较长，为体长的 8 ~ 10 倍，总长度可达 250 厘米左右，最长的可达 300 厘米以上。其中食管长 10.5 ~ 11.6 厘米，十二指肠的长度约 3.2 ~ 4.5 厘米，而盲肠的长度则可达 23.4 ~ 36.5 厘米，消化道的总长度大约为 209 ~ 434 厘米。麝鼠的肝脏也很发达，体积大，呈紫红色，重量可达 30 ~ 60 克，位于季肋部的前方，明显地分为 5 个大叶。胆囊位于肝脏右内叶和左内叶之间。胰腺细长，约为 3 厘米，重 0.2 ~ 0.5 克。

二、麝鼠消化特点

麝鼠消化道的特点表现在肠道的长度超过体长的 6 倍，胃、小肠及大肠的容积比为 23∶54。大肠容积较大，类似反刍动物的瘤胃。大肠中丰富的微生物具有很强的消化能力，较长的肠道，有利于饲料的消化吸收。大肠中的蛋白质含 13% 的细菌蛋白和 26% 的纤毛虫蛋白。麝鼠不能完全消化吸收的食物在白天时能形成一种软粪，这种软粪便排出体外后又被麝鼠吃掉，软粪是一种特殊的蛋白质和维生素的浓缩物。对于麝鼠来说，软粪可以补充约占平均日粮标准 40% 的干物质，或者约占日粮标准 37% 的总热能和约占日粮标准 52% 的全价蛋白质。此外，麝鼠对饲料的消化率随季节发生较大的变化，其中，冬季最低约为 54.4%，春季约有提高可达到 77.3%，而夏季则在 66.4% 以上。有研究结果表明：麝鼠对于由黑麦面包和胡萝卜组成的混合日粮的消化率可以达到 94%。

第二节 麝鼠的营养需要

一、麝鼠所需营养成分种类与作用

1. 蛋白质

蛋白质是麝鼠生命活动的物质基础，是构成麝鼠身体肌肉、内脏、皮肤、血液、毛等组织和器官的主要成分。蛋白质在麝鼠生命活动中的作用，是其他营养物质所不能替代的。野生麝鼠嗜食植物，以水草、枝叶为主食，在自然环境中采食获得的蛋白质较少，所以生长缓慢，9～10月龄甚至更长时间才成熟。改为家养后，喂给配合饲料。饲料中的蛋白质含量大大提高，麝鼠的生长成熟期明显缩短，6～7月龄就能成熟。麝鼠在人工养殖条件下，如果蛋白质供给不足，则会引起麝鼠的消化机能减退。生长速度减缓，体重减轻，繁殖性能低下，抗病能力减弱，组织器官结构和功能出现异常，从而严重地影响麝鼠的身体健康和生产性能。

饲料中如果缺少必需氨基酸，即使蛋白质含量很高，也会导致麝鼠体内蛋白质代谢紊乱、营养失调、生长发育受阻、体重减轻、生产性能下降等不良后果。

麝鼠所需蛋白质主要来源于植物性饲料。有时也有少量来源于动物性饲料。如黄豆蛋白质中所含的赖氨酸就可以补充玉米蛋白质中赖氨酸不足的部分等。可见。有目的地使用多种饲料进行合理口粮搭配，可以弥补氨基酸的不足。

2. 碳水化合物

碳水化合物也叫糖类。麝鼠体内能量的70%～90%来源于碳水化合物。在麝鼠体内，碳水化合物主要分布在肝脏、肌肉和血液中，约占麝鼠体重的1%。其主要功能是产生热能、维持生命活动和体温。如果麝鼠摄取碳水化合物过多，则会在体内转换成脂肪而沉积下来，作为能量贮存；如果日粮中碳水化合物供给不足，麝鼠便会利用自身体内的脂肪作为热量来源。因此，必须供给麝鼠适量的能量饲料，如玉米等，以满足麝鼠对热量的需求。

3. 脂肪

麝鼠身体的各种组织内均含有脂肪。麝鼠体内的脂肪来源，一部分来自饲料中的脂肪，另一部分则是由碳水化合物和蛋白质转化而来。脂肪是脂溶性维生素（如维生素 A、维生素 D、维生素 E、维生素 K 等）的有机溶剂。麝鼠身体所需要的脂溶性维生素必须溶于脂肪中才能够被吸收。如果脂肪摄入不足，则麝鼠容易患脂溶性维生素缺乏症，还会引起麝鼠生长缓慢，母麝鼠的泌乳量减少。同时，脂肪也是热的不良导体。麝鼠皮下组织中贮存的脂肪，形成柔软而富有弹性的脂肪层，能阻止热量散发，可保持体温和御寒，并能增强毛皮的光泽。

但是，脂肪对于麝鼠来说是不易消化的，如果给麝鼠投喂脂肪含量较高的饲料过多。则会造成麝鼠消化不良，从而引起下痢等肠道疾病。同时，如果日粮中脂肪含量过高，则还会导致麝鼠食欲减退，生长迟缓，体况过肥，种麝鼠的配种能力下降，母麝鼠出现空怀、难产等不良后果。

4. 维生素

麝鼠对维生素的需要量很少。通常以毫克来作为计量单位。它既不是能源物质，又不是结构物质，但却是维持麝鼠身体健康和促进其生长发育所不可缺少的有机物质。

（1）脂溶性维生素　凡是能溶解于脂肪中的维生素，统称为脂溶性维生素，包括维生素 A、维生素 D、维生素 E、维生素 K 等。

维生素 A。可以促进麝鼠生长、增强视力、保护黏膜，尤其是在幼鼠的生长期显得特别重要。维生素 A 仅存在于动物性饲料中。植物性饲料中虽不会有维生素 A，但却含有胡萝卜素。植物性饲料中的胡萝卜素能够在麝鼠体内转化为维生素 A，是麝鼠维生素 A 的重要来源。若维生素 A 不足，会引起麝鼠上皮组织干燥和角质化，易受细菌侵袭而发病，可引起麝鼠的生殖腺上皮细胞角化，从而导致其繁殖机能发生障碍，出现夜盲症、繁殖停止等症状。

维生素 D。参与麝鼠体内钙、磷的吸收和代谢过程，具有维持麝鼠体内钙、磷平衡的作用。幼麝鼠如果缺乏维生素 D，则容易导致佝偻病。

维生素 E。又叫生育酚，是维持麝鼠正常繁殖所必需的维生素，不仅能增进母麝鼠的生殖机能，而且也能改善公麝鼠的体质。维生素 E 虽然耐热，但对光、氧、碱却很敏感。在谷物类和油料类籽实的胚中以及青绿饲料、发芽的种子里，都含有丰富的维生素 E。

维生素 K。主要作用是促进血液正常凝固。如果麝鼠缺乏维生素 K，则身体各部位会出现紫色血斑。各种青绿饲料均含丰富的维生素 K，所以，即使采用配合饲料喂养麝鼠，也不能中断对青绿饲料的投喂。

（2）水溶性维生素　凡是能溶解于水体中的维生素，统称为水溶性维生素，包括 B 族维生素、维生素 C 等。

B 族维生素包括十多种维生素，其中，与麝鼠生长发育和繁殖关系较为密切的主要有维生素 B_1、维生素 B_2、维生素 B_3、维生素 B_6、维生素 B_{12} 等。

维生素 B_1。参与麝鼠体内碳水化合物的代谢，对维持麝鼠神经组织及心肌的正常功能，维持麝鼠肠道的正常蠕动及促进其消化道内的脂肪吸收均起到一定作用。如果麝鼠缺乏维生素 B_1，则会导致其食欲下降、消化不良、下痢、发生神经系统疾病、出现神经症状（如抽搐、痉挛、肢体麻痹等），严重者昏迷死亡。糠麸、干酵母、谷物胚芽等饲料中含有较多的维生素 B_1。

维生素 B_2。有促进幼麝鼠生长发育的功能，参与蛋白质、脂肪、碳水化合物的代谢。如果麝鼠缺乏维生素 B_2，则会引起其皮肤代谢紊乱，主要表现为皮肤干燥，表皮角质化，被毛粗糙无光，易脱落，底绒变白，肌肉无力，呈半麻痹状态，出现昏迷和抽搐。花生、菜叶、谷物籽实胚中维生素 B_2 含量丰富。

维生素 B_3。在麝鼠机体中主要与氨基酸、脂肪和碳水化合物代谢有关。如果幼年麝鼠缺乏维生素 B_3，则会出现消化不良，生长受阻；如果成年麝鼠缺乏维生素 B_3，则会引起母麝鼠的繁殖机能障碍，其胚胎死亡率高。青绿饲料、糠麸、酵母中均含有丰富的维生素 B_3。

维生素 B_6。主要功能是参与麝鼠体内蛋白质、脂肪和碳水化合物的代谢，有利于锌元素的吸收。如果麝鼠缺乏维生素 B_6，则会出现贫血、食欲不振、口鼻脂溢性皮炎等症状。谷物类籽实及其加工副产品、豆类、青绿饲料中都含有丰富的维生素 B_6。

维生素 B_{12}。是一种红色针状结晶。它能够调节麝鼠骨髓的造血过程，也与麝鼠血液中红细胞的形成有关，所以，它具有抗贫血的功能。同时，它还与氨基酸、核酸代谢有关，可提高麝鼠对蛋白质的利用效率，促进幼麝鼠的生长和发育。鱼粉中含维生素 B_{12} 丰富，肝、发酵副产品也含维生素 B_{12}。

维生素 C。具有维持麝鼠牙齿和骨骼的正常功能，增强麝鼠身体对疾病的抵抗能力，还能促进麝鼠外伤的愈合。如果麝鼠缺乏维生素 C，则容易导致口腔和齿龈出血。

新鲜的蔬菜和水果中含有丰富的维生素 C。维生素 C 的水溶液极不稳定，在空气中易氧化破坏，在碱性环境也极易分解破坏，但它在弱酸性环境中稳定。其具有强还原性，故极易被氧化剂破坏。所以，不能让蔬菜和水果存放的时间过长。切碎加工后要立即投喂，同时尽量让麝鼠能在短时间内取食完毕。

5. 矿物质

矿物质又称为无机物或灰分，它虽然不是能量物质，可是在麝鼠所需的营养成分中具有十分重要的作用。其一，它是麝鼠身体组织、细胞的成分，参与构成某些酶、激素和维生素，参与调节麝鼠体温、血液及淋巴液的渗透压，保证细胞获得各种营养物质；其二，参与形成麝鼠体内血液的缓冲体系，维持酸碱平衡。维持水盐代谢平衡；其三，维持麝鼠神经和肌肉组织的正常兴奋；其四，参与麝鼠体内食物的消化吸收过程。如胃液中的胃酸（HCl）和胆汁中的钠盐，对麝鼠吸收营养物质都是必需的。

根据矿物质元素的含量而分为常量元素（占机体重量的0.01%以上）和微量元素（占机体重量的0.01%以下）两类。常量元素主要包括钙、磷、钾、钠、镁、硫、氯；微量元素主要包括铁、锰、钴、锌、铜、硒、碘等。矿物质元素约占麝鼠体重的4%~5%，其中，有5/6存在于麝鼠的骨骼和牙齿之中。

野生麝鼠所需的矿物质，相当一部分靠拱吃新鲜泥土获得，植物性食物中供应极少。改为家养后，需补喂矿物质微量元素添加剂。以满足麝鼠生长发育的需要。如果日粮中缺乏钙和磷，则会引起麝鼠患软骨病、软脚病。引起幼麝鼠发育不良和佝偻病等。各种豆类和骨粉中富含钙和磷，农作物秸秆中也含有少量的钙和磷。谷物中磷多钙少，在饲料配合时应注意搭配。铁是血红蛋白的重要成分，如果麝鼠缺铁就会发生贫血。红黏土中含有大量铁，豆科和禾本科作物籽实、青绿饲料也含有一定量的铁。如果麝鼠缺铜，则会影响铁的正常吸收，同样会产生贫血。如果麝鼠缺乏钴。则会引起恶性贫血。饲料中一般不会缺钾，但钠通常不足。因此，家养麝鼠常用淡食盐水拌精料以补充钠。

6. 水分

水分是维持麝鼠组织器官的形态和机能的重要成分，约占麝鼠身体的 2/3，是麝鼠体内生理反应的良好媒介和溶剂，并参与体内物质代谢的水解、氧化、还原等生化过程；它还参与体温调节，对维持体温恒定起着重要的作用。体内营养物质及代谢物的输送或排出，主要通过溶于血液的水，借助于血液循环来完成。此外。水分还起着润滑作用。因此，水对保证麝鼠机体正常的生理机能有重要意义。

麝鼠虽然需要水的量较少，但缺水比缺饲料的后果更为严重。麝鼠轻度缺水会引起食欲减退、消化不良；麝鼠如果严重缺水，则会引起中毒死亡；特别是在产仔哺乳期间。母麝鼠需水量为平时的 2~3 倍，如产仔时缺水而口渴，则母麝鼠会把仔麝鼠吃掉；如果麝鼠在哺乳期缺水，则会缺乏乳汁，仔麝鼠会被活活饿死；夏天在运输途中缺水，麝鼠极易中暑死亡。麝鼠没有直接饮水的习性，所需水分均靠采食植物间接摄取，所以，对麝鼠的喂料首先必须考虑其水分的需要。尽量按比例搭配多汁植物。

二、麝鼠的营养需要

营养需求，包括生理需求和生产需求两个部分。所谓生理需求就是维持需求，指麝鼠维持自身的基本生理代谢活动而对外界营养供应的需求。当其进行呼吸、血液循环、维持体温、保持正常的喜怒哀乐等一系列生理机能时，需要耗费一定的能量，吸收一定的营养物质，这是维持生命的最低需求。

对于麝鼠的营养需求，目前，在国内才刚刚开始研究。以往绝大多数养殖场、家庭都是根据养殖经验进行营养需求估计（甚至根本没有这种估计）而进行饲料供应，这是不科学的。目前，麝鼠的营养需要可根据不同的生物学周期可大致分为 3 个时期，即为繁殖期（4~9 月）、准备过冬期（10~11 月）和过冬期（12~3 月）。此外，仔鼠在生长过程中还有育成期，从断乳期到育成期结束时间大约为 3 个月。冬天麝鼠基本处于维持状态，营养需要水平比较低，这个阶段不同月龄的麝鼠所消耗的总能量基本上相同，大约为394.1千焦每千克体重，或每只麝鼠消耗能量543.9～585.8千焦。在交配繁殖期麝鼠的能量消耗增加，雄性麝鼠产热可增加1倍，雌性麝鼠的产热也可增加0.6～0.8倍，营养需要也相对的大幅度提高。不同日龄的麝鼠对能量的需要和各生物学周期麝鼠营养需要标准见表3－1。

表3－1　麝鼠各生物学周期营养需要的参考标准

指标	成年麝鼠		幼龄麝鼠								
	4～9月		10～11月	12～3月	5月	6月	7月	8月	9月	10～11月	12～3月
	雄	雌									
体重（千克）	1.0	1.2	1.0～1.2	1.0～1.2	0.2～0.4	0.3～0.5	0.5～0.65	0.6～0.75	0.7～0.85	0.85～1.0	1.0～1.2
总能（千焦）	552	837	552	460～544	500～550	505～550	550～600	600～650	550～600	500～550	460～550
代谢能（千焦）	410	619	347	25～234	400～450	405～450	440～510	500～550	450～500	400～450	360～450
干物质（克）	36	54	38	30	38	43	52	66	50	40	36
粗蛋白（克）	7.2	10.8	4.6	3.6	7.4	8.2	10.1	13.2	9.8	4.9	4.6
粗纤维（克）	5.4	8.1	11.4	9.0	5.6	7.1	9.1	10.8	7.3	4.0	3.8
粗脂肪（克）	1.4	2.0	1.1	1.1	1.5	1.9	2.3	3.5	2.2	1.4	1.1
磷（克）	0.2	0.2	0.2	0.2	0.3	0.5	0.6	1.1	1.5	0.2	0.2
钙（克）	0.2	0.2	0.2	0.2	0.3	0.5	0.6	1.1	1.5	0.2	0.2

　　麝鼠在繁殖期对蛋白质的需求量较高，每100克干物质中需含20克左右的蛋白质，而冬季大约需要8～12克。秋季第二、第三窝的幼龄麝鼠要保持夏季时期的营养水平。在全年各时期的

日粮中，粗脂肪不要超过干物质的 3.7%，春季和夏季粗纤维不要超过饲粮日粮配方的 30%。在自然条件下，冬季的日粮中也不要含有高蛋白和高脂肪，以免动物过肥，实验证明，粗料中干物质消耗为饲料日粮配方的 1 倍，对麝鼠的生育是无益处的。全年日粮中无机盐成分无大的变化，钙磷比近于 1∶1，每 100 克日粮干重含 0.4 克钙和 0.66 克磷。此外，日粮中微量元素锰含42 毫克、铜 1.1 毫克、锌 31.1 毫克和铁 4.6 毫克。3~4 月，按麝鼠每千克体重喂干草 90 克。杨柳树枝和树叶对麝鼠的繁殖和提高仔麝鼠成活率有良好的作用。繁殖期投喂动物性饲料十分必要，在自然状态下，可以喂给软体动物。在笼养条件下，每日每只供应 5~10 克动物性饲料。

麝鼠和其他单胃动物一样，能自动地调节采食量以满足其对能量的需要。不过，麝鼠的消化道的容量是有一定限度的。当日粮能量水平过低时，虽然它能增加采食量，但仍不能满足其对能量的需要时，则会导致麝鼠健康的恶化，能量利用率降低，体内脂肪分解多会导致酮血症，而体内蛋白分解多则致毒血症。若日粮中能量过高，谷物饲料比例过大，会出现易于消化的碳水化合物由小肠进入大肠，从而增加大肠的负担，出现异常发酵，其恶果轻则引起消化紊乱，重则发生消化道疾病。

如果日粮能量偏高，麝鼠会出现脂肪沉积过多而肥胖，对繁殖母麝鼠来说，体脂过高对雌性激素有较大的吸收作用，从而损害其繁殖性能。雄麝鼠过肥会造成配种困难等不良后果。控制能量水平，可推迟后备母麝鼠性成熟月龄，但对其以后的繁殖机能有益处。过高的能量供给不仅是浪费，而且对毛皮质量会产生一定程度的不良影响。因此，要针对不同的麝鼠种类、不同的生理状态控制合理能量水平，对保证麝鼠健康，提高生产性能十分重要。

第三节 麝鼠的常用饲料

一、麝鼠饲料种类

麝鼠的饲料包括水生植物、陆生植物、栽培作物籽实、蔬菜及少许动物性饲料。植物性饲料是麝鼠饲料的主要组成部分，作物的籽实也是麝鼠常年采食的食物，尤其是在繁殖期和越冬期更不可缺少。每只麝鼠每天保证 20 ~ 25 克，作物籽实是用来配制麝鼠饲料精料的重要组成部分，应尽可能做到多样化，从而保证饲粮营养的全面性。早春 3 ~ 4 月的木本科植物可以暂时性作为很好的麝鼠饲粮补充饲料，麝鼠喜食木本科植物的细嫩根系、纸条、树皮及嫩叶。同时木本科植物的枝条还可供麝鼠啃咬来磨牙，如果笼舍内缺乏树枝、木棒时麝鼠就会啃咬木质及铁制的器具，对麝鼠的健康和生长带来不利的影响。

与麝鼠天然食物不一样，人工饲养麝鼠的投喂饲料，不仅包括水草及陆上植物，而且还包括动物性饲料及少量的饲料添加剂，其饲料形式除了直接采集投喂未经加工的原料以外，还有经过精细加工的谷物面粉、骨肉粉等形式。

1. 青绿饲料（图 3 - 1）

麝鼠常用的青绿饲料包括豆科牧草、禾本科牧草、叶类蔬菜和根茎类饲料等，如紫花苜蓿、三叶草、黑麦草、苦荬菜、甘薯蔓、聚合草、串叶松香草、野草和嫩枝嫩叶等。

草本植物是麝鼠常年的饲料来源，除冬季外麝鼠都可以采食草本植物。其中，最为喜食的是水生植物，一部分陆生草本植物和近百种水生草本植物都可以作为麝鼠常年的青粗饲料来源。一般情况下牛马羊等家畜以及兔子等食草动物能吃的植物，麝鼠都能食用。此外，上述草本植物的青绿干品在冬季也是麝鼠很好的粗饲料来源。

蔬菜类饲料营养价值较高，在旺季价格也较为低廉可以作为调节余缺的补充，尤其在越冬时期是不可缺少的的，如白菜、萝卜、胡萝卜、甘蓝等。此外，一些蔬菜的废弃部分如根系、菜叶、菜帮子等麝鼠也可以食用。

2. 粗饲料

粗饲料主要包括青干草（禾本科、豆科及其他科青干草）和秸秆（稻草、豆秸、麦秸、玉米秸等）两种。粗饲料的特点是含水量低、粗纤维含量高、可消化物至少、适口性差、消化率低，但是，粗饲料来源广泛、数量大、价格低是麝鼠饲料中不可缺少的饲料原料之一，一般在饲粮中所占的比例为20%左右。其中，青干草因气味芳香、适口性相对较好，适宜作为麝鼠的饲料来源；在一些秸秆、荚壳类饲料来源丰富的地区，这类饲料最好经过粉碎后与其他精料混合制成颗粒饲料后再饲喂。

3. 精饲料（图3－2）

和其他人工养殖的动物一样，麝鼠的精饲料主要包括能量饲料和蛋白质饲料。其中，能量饲料主要包括玉米、大麦、小麦、稻谷和麦麸等，其特点是淀粉含量高、适口性好、消化率高、粗纤维含量较少、含磷、硫等多，含钙较少、维生素含量不足。

蛋白质饲料分为植物性蛋白质饲料和动物性蛋白质饲料两大类。植物性饲料如黄豆、豆饼、豆粕、菜粕和棉粕等的特点是蛋白质含量丰富，氨基酸平衡，营养比较全面，有大量脂肪、维生素 B 和维生素 E，气味芳香，适口性好，一般在饲粮中所占的比例为20% ~40%（菜粕和棉粕中含有一定量的抗营养因子，影响饲粮的适口性，一般在混合饲粮中的比例不超过5%）。动物性蛋白质饲料如新鲜的鱼、虾、河蚌、小蟹以及鱼粉、蚕蛹和肉骨粉等，这些饲料的特点是蛋白质含量高、必需氨基酸含量高，尤其是赖氨酸、蛋氨酸和色氨酸的含量丰富，有较多的维生素及

图 3 – 1　麝鼠青绿饲料

无机盐，是常用的动物性蛋白质饲料。

4. 无机盐饲料

无机盐饲料主要是指试验、骨粉和石粉等，这些饲料在麝鼠饲粮中的比例较小，但是，作用却很大，是麝鼠饲粮必不可少的组成部分。食盐是钠、氯的重要来源，具有提高麝鼠食欲，促进营养物质的消化和维持体液电解质平衡的作用。食盐可以混合在精料中或溶于饮水中供麝鼠饮用。骨粉、石粉对于补充、平衡饲粮中钙磷比例，具有重要的作用。

5. 添加剂

现代化饲养条件下，饲料添加剂主要是补充饲料原料中所缺乏的活含量无法满足麝鼠需求的营养物质，常见的麝鼠添加剂有氨基酸类添加剂（蛋氨酸、胱氨酸及赖氨酸）、维生素（维生素A，维生素D，维生素E及多维粉）和矿物质添加剂（食盐、石粉、贝壳粉和复核微量元素）。添加饲料一方面可促进麝鼠的采

图 3 - 2　麝鼠精饲料

食，同时也能补足一些微量元素及维生素，还可以调节麝鼠的消化吸收功能，以获取更全面的营养。例如，在繁殖季节饲喂麦芽可以有效地补充生育酚，提高维生素 E 的含量，能够提高雌性麝鼠的受胎率并减少流产的比例，对于麝鼠养殖户来说这就显得尤为重要。酵母或维生素 B 能够改善麝鼠的肠道消化功能、促进食欲，对麝鼠的生长发育有力，可在仔鼠或者育成期麝鼠的饲粮中适量添加。骨粉中含有丰富的钙磷等营养元素是幼麝鼠生长发育所必须的，因此，在哺乳麝鼠及幼年麝鼠的饲粮中都要适量添加。食盐是维持动物机体正常生理活动所必需的物质，一般在家畜精饲料中的添加量为 0.5%，而在麝鼠精饲料的添加量则为饲料重的 0.9%，其主要的原因是因为麝鼠除采食精饲料外，还要采食大量含水量较高的青绿饲料，所以精饲料中食盐的添加量较高。喹乙醇对麝鼠具有明显的抗菌和促生长作用，在饲粮中适当添加能够促进麝鼠的生长发育，提高仔鼠的成活率，同时还可以预防巴氏杆菌、大肠杆菌等疾病的暴发。

添加饲料一般数量少，每只麝鼠每日 10 克左右即可。

二、常用饲料的营养特点

1. 玉米

玉米俗称饲料之王，是一种高能量饲料，主要成分是淀粉，脂肪含量较高，是重要的必需脂肪酸来源。因产地、品种不同，品质有差异，一般黄、红玉米较白玉米好，因为黄、红玉米中含有较丰富的维生素 A 原（如胡萝卜素等）。玉米蛋白质含量较少，一般在 7.9% ~ 8.6%，而且赖氨酸、色氨酸不足，钙、磷含量低。

2. 麦麸

小麦的主要成分是淀粉，但外壳约含 9.9% 的粗纤维，内含有丰富的磷和 B 族维生素，通过加工可得到麦麸。小麦的产品称麦麸。麦麸含蛋白质为 4% ~ 5%，在日粮中，一般占 8% ~ 20% 为宜。

3. 大豆饼（粕）

大豆饼（粕）含有 40% ~ 48% 蛋白质，其蛋白质质量（氨基酸组成）是植物性饲料中最好的。大豆饼（粕）味道芳香，适口性好。是麝鼠重要的蛋白质饲料。但成本高。在麝鼠日粮中应适当控制用量。一般为 5% ~ 20%。

4. 花生饼（粕）

花生脱壳榨油后的饼（粕）是一种含蛋白质较高的饲料，其营养价值因混入的花生壳多少不同而有变化。脱壳完全的花生饼（粕），其蛋白质含量和营养价值较高。在潮湿的梅雨季节里，花生饼（粕）容易霉坏。产生毒性很强的黄曲霉毒素，这种毒素具有致癌作用，并可抑制动物繁殖或致死。因此，使用其配成饲料时，应特别注意防止其霉变，同时适当控制在麝鼠日粮中的用量。

5. 鱼粉

鱼粉是最优质的动物蛋白质饲料，它不仅蛋白质含量高

（达55%～75%），而且氨基酸组成良好。同时含有丰富的 B 族维生素和钙、磷。并且磷利用率很高，对麝鼠生长和骨骼发育作用大。在种麝鼠日粮中，使用少量的鱼粉，有利于增加必需脂肪酸。一般在麝鼠日粮中的使用量为2%～5%。

6. 肉骨粉

肉骨粉是食品工业中加工畜禽后的副产品。以肉和骨粉为主体，营养价值高。粗蛋白质的含量为45%～50%。肉骨粉不能长期贮存，内含脂肪易氧化腐败，显著降低质量，饲料中维生素也遭到破坏。在麝鼠日粮中的使用量不超过2%。

7. 骨粉

骨粉是各种动物的骨经蒸制后粉碎而成，是良好的磷源饲料，一般含钙30%、磷13%。用骨粉作为饲料磷源时，应特别注意其没有被细菌或微生物污染，用量常占日粮的1%。

8. 蛋壳粉、贝壳粉和石粉

蛋壳粉、贝壳粉和石粉是钙质饲料，其含钙在 30% 以上，主要用于补充矿物质元素。通常在麝鼠日粮中用量为1%～3%。

9. 磷酸氢钙

磷酸氢钙是由矿石加工而成，一般含钙22%、磷16%。饲料用的磷酸氢钙。其含氟量应低于 0.2%。磷酸氢钙在麝鼠饲料中的用量为1%～3%。

10. 食盐

食盐是麝鼠日粮中钠的来源，通常占麝鼠日粮的 0.3%～0.5%，在实际确定其使用量时，应注意其饲料中鱼粉的含盐量，以免过量使用引起中毒。

三、麝鼠饲料的贮藏技术

为保证麝鼠饲料的品质。则需要进行合理的贮藏。如果饲料贮藏不当，轻则饲料营养物质流失或被破坏，被麝鼠食后，会缓慢表现出营养不良症状；重则引起饲料中毒，而使麝鼠大批死亡，给养殖场带来巨大的经济损失。可见，搞好麝鼠饲料的贮藏保鲜工作，对麝鼠的人工养殖是非常重要的。

1. 籽实类

各种粮食的发霉变质主要是由温度和湿度两个因素决定。发霉变质的作物籽实易引起黄曲霉毒素中毒，所以，这类饲料入库前，首先晾晒干燥，使水分降低到12%以下。保存粮食的仓库必须保持干燥，通风良好。

2. 块根类

这类饲料收获后，根据不同种类，先晾晒数小时，减少水分，除去机械损伤和腐烂的，然后分类放入设有分层格架的土窖内。

3. 果蔬类

这类饲料收获后，应根据不同种类，先晾晒几个小时。减少水分，除去烂果、烂叶，然后放入设有分层格架的窖内，堆成小垛，保证各垛间的空气流通。每隔5~7天倒一次堆，并除去腐烂果菜，窖温不应低于0℃。

四、麝鼠饲料品质的鉴定技术

对来路不明或从外地购置的饲料，必须进行卫生检疫。特别对人畜共患的传染病进行检疫。

每次出库或由外地贮入的饲料．都要进行感官检查。质量好的粮食颜色正常、无毒、干燥、散落（无虫蛹），不新鲜或开始变质的粮食气味异常、潮湿、发热、黏结。新鲜瓜果类饲料光亮、表面无霉点、不粘手、无异味。变质的瓜果，表面有残伤或腐烂、粘手、有异味。对于蔬菜则主要观察其是否有生虫、发黄、发霉或腐烂等情况，是否有残留农药气味，如发现上述异常变化，应作相应处理才能使用。

第四节　麝鼠的饲养标准

通过对麝鼠各个不同生物学时期的饲粮营养水平及消化代谢的特点进行比较系统的研究，得出麝鼠各不同生物学时期的饲粮营养标准，详见表3-2，表3-3。

3-2　麝鼠各不同时期饲粮配方及营养水平

不同生物学时期		繁殖期	育成期	准备越冬期	越冬期
饲粮成分（%）	玉米面	62	58	66	72
	豆饼	17	11	7	7
	鱼粉	3	3.5	2	—
	酵母	7	10	3	—
	麦麸	8	10	20	20
	盐	1	1	1	1
	奶粉	1	0.5	—	—
	骨粉	1	1	1	0.5
饲粮营养水平	粗蛋白	17	16.55	12.38	11.71
	能量浓度（千焦/千克）	17 556	15 997	16 407	15 938
	脂肪	—	—	4.14	4.31
	粗纤维	—	—	3.466	3.71
	钙	0.54	0.80	0.48	0.30
	磷	0.51	0.75	0.45	0.43

注：—表示在日粮中不添加该成分，繁殖期每千克日粮中需添加生长素1克、多维0.1克、喹乙醇0.025克

表 3 - 3 麝鼠育成期饲粮组成及配比（％）

饲料原料	日 龄							
	38	48	60	71	83	93	103	111
青饲料	20 ~ 50	35 ~ 50	50 ~ 80	65 ~ 100	80 ~ 100	80 ~ 150	—	—
胡萝卜	—	—	—	—	—	—	50	50
白菜	—	—	—	—	—	—	100	100
玉米面	11. 6	14. 5	17. 5	20. 3	23. 2	26. 1	29. 0	31. 9
豆饼	3. 2	4. 0	4. 8	5. 6	6. 4	7. 2	8. 0	8. 8
麦麸	2. 0	2. 5	3. 0	3. 5	4. 0	4. 5	5. 0	5. 5
鱼粉	1. 7	2. 12	2. 55	2. 98	3. 40	3. 83	4. 25	4. 65
酵母	1. 0	1. 25	1. 50	1. 75	2. 00	2. 55	2. 50	2. 75
骨粉	0. 20	0. 25	0. 30	0. 35	0. 40	0. 45	0. 50	0. 50
食盐	0. 20	0. 25	0. 30	0. 35	0. 40	0. 45	0. 50	0. 50

注：—表示在日粮中不添加该成分

第五节　麝鼠的饲料配制

一、麝鼠的日粮配制原则

1. 遵循麝鼠的消化生理特点

麝鼠的消化器官构造和消化酶的特点适合于消化吸收植物性饲料，所以，在配制日粮时，必须以植物性饲料为主，适当搭配一定比例动物性饲料，同时还要保证饲料中的水分含量能够满足麝鼠的生理需要。

2. 保证麝鼠的营养需要

麝鼠在不同饲养时期，对各种营养物质的需要量有所不同，在拟定日粮时要根据饲料所含的营养成分及热量，按照麝鼠不同生理时期营养需要的特点，尽可能满足麝鼠生长、发育和繁殖的营养需求。

3. 调剂搭配要合理

拟定日粮时，要充分考虑当地的饲料条件和现有的饲料种类，尽量做到营养全面，合理搭配。特别要注意运用氨基酸的互补作用，满足对必需氨基酸的需要，提高日粮中蛋白质的利用率。既要考虑降低饲料成本，又要保证麝鼠的营养需要。

4. 避免拮抗作用

因各种饲料的理化性质不同，搭配日粮时，相互有拮抗作用或破坏作用的饲料要避免同时使用。

5. 保持饲料品种的相对稳定

在固定饲养的地区或场所，配制日粮时，还要考虑过去日粮水平、麝鼠群体的体况以及存在的问题等，同时也要保持饲料的相对稳定性，避免饲料品种的突然改变，否则将会引起麝鼠的消化功能紊乱。

二、麝鼠的日粮配制方法

麝鼠的日粮通常由青粗饲料和配方饲料两大类组成。其中，配方饲料由籽实类饲料、糠麸类饲料、饼粕类饲料、动物性饲料、矿物质饲料、饲料添加剂等按一定的比例配制而成。此外，还应根据当地的饲料资源、不同季节、麝鼠不同的发育阶段和身体状况等具体条件加喂适量的果蔬类饲料（多汁饲料）、块根类饲料和药物类饲料。

1. 提供多样化的青粗饲料

饲喂麝鼠的青粗饲料品种不能太单一，每天应投喂 2～3 种青粗饲料。青粗饲料的投喂量占总日粮（干物质）的 70%～80%。每日每只成年麝鼠投喂量为 150～250 克。同时，每天还应保证饲养池内有一定量的短树枝，以供麝鼠自由磨牙。

2. 供给全价的配方饲料

养殖麝鼠的单位和个人可利用本地的饲料条件和饲料种类，根据麝鼠的营养需要特点，自制全价配方饲料。配方饲料的投喂量占总日粮（干物质）的 20%～30%，每日每只成年麝鼠投喂量为 50～100 克。

3. 其他饲料的适当补充

（1）果蔬类饲料　哺乳期和怀孕期的母麝鼠和幼麝鼠应适当补充果蔬类饲料，以满足其对水分的生理需求。此外，在饲料水分含量不足时，也要适当补充果蔬类饲料。果蔬类饲料的种类可以多样化，但必须控制其总量，否则会引起麝鼠患肠道疾病。

（2）块根类饲料　在块根类饲料丰富的地区，可以补充一定量的块根类饲料。由于甘薯和土豆等块根类饲料不仅富含水分，而且富含能量物质，所以在投喂这类饲料时，要适当减少配方饲料中玉米粉的含量。每日每只成年麝鼠投喂块根类饲料量为 30～50 克。

（3）药物类饲料　为了预防麝鼠疾病的发生，常在不同的季节适当补充一些药物类饲料。如在春秋季节，可投喂野花椒、鸭脚木、细叶榕、地桃花和大青叶之类的保健药物，用于预防感冒等；在盛暑季节，可投喂茅草根、金银花、绿豆和枸杞之类的保健药物，用于清凉消暑等。保健药物饲料的投喂量以 30 克左右为宜。

三、麝鼠饲料的加工与调制

饲料加工与调制是否得当，直接影响到麝鼠的食欲和生产效果。因此，应严格遵守饲料加工操作规程，按照日粮表配合饲料。各种饲料的加工方法有所不同，分别叙述如下。

1. 青绿饲料的加工调制

青绿饲料适宜现采现喂、尽量保持新鲜，在饲喂前应及时剔除腐烂变质的部分或者有毒的品种。麝鼠采食的习性决定了在它对青绿饲料比较挑剔，一般情况下都是边采食边嬉戏，而对于被污损的饲料则不再采食。因此，根据麝鼠这个特殊的习性，青绿饲料一般不直接投放在运动场或笼舍内，而应经过严格的挑选后放在特质的草架上，或者运动场上面的铁网上。麝鼠爱早晚活动采食，此时天气较凉爽、空气潮湿，有利于青绿饲料的保险，因此最适宜在早、晚进行投喂。对于较大或较长的茎、叶等在投喂前需进行初步的剪、铡，以利于麝鼠的采食。

2. 精饲料的加工调制

精饲料指的是谷物类饲料、动物性饲料和添加剂饲料的配合饲料。谷物饲料在与其他饲料混合之前，应经过粉碎机粉碎成颗粒大小适宜的颗粒或者粉面状，在投喂前要用20%洁净的开水搅拌或用大锅煮熟后再行投喂。新鲜的动物性饲料可以直接投喂，考虑到麝鼠特殊的采食习性，应采取少量多次的投喂方式投喂，在条件允许的情况下也可将动物性饲料粉碎或剁成碎末后与谷物类饲料混合后一起投喂。维生素等添加剂类饲料可与谷物类饲料充分混合后一起投喂。精料一般投放青绿饲料之后进行投喂，根据麝鼠采食情况适当增减。预混料的加工饲料加工调制后。机器、用具要进行彻底洗刷，夏天要经常消毒。以防疾病发生。

四、麝鼠饲料的损耗

与其他动物不同，麝鼠在采食的过程中对食物的选择比较挑剔，在进食的过程中麝鼠用两前爪拿着食物捧着吃，有的食物在使用前还要在水里涮洗后再吃，掉在地上或水中的食物一般都不再食用，因此会造成饲料的损耗很大。一般情况下，麝鼠日粮中的干物质在进食过程中损耗可达20%～50%，尤其是在笼养并有较大蓄水池或饲料适口性不好的情况下，损耗更大。因此，在配制饲料的时候必须考虑到饲料的适口性和干物质的损耗量。比较经济适宜的饲喂方式是将植物性饲料加工成颗粒饲料，并采用饮水器饮水的方法，可降低饲料的损耗量，提高饲料的有效利用率。

第四章　麝鼠的繁殖育种

第一节　麝鼠的繁殖

一、麝鼠的生殖系统

麝鼠的生殖器官有与其功能相适应的特殊构造，公母鼠生殖器官的体积、重量和机能随季节改变呈现出规律性的周而复始的变化，是麝鼠季节性生殖的生理基础。

1. 公鼠的生殖系统

公鼠的生殖器官由睾丸、附睾、输精管、副性腺（精囊腺、前列腺、尿道球腺）、香囊腺和阴茎等组成，见图 4 - 1。

睾丸一对呈椭圆形，在非发情配种期，睾丸始终在腹腔内，一般长为 1.5 ~ 1.7 厘米，宽 0.7 ~ 1.2 厘米，厚 0.2 ~ 0.8 厘米，两侧睾丸重 1.5 ~ 2.2 克。发情配种期睾丸下坠至阴囊内，此期睾丸长为 2.2 ~ 2.4 厘米，宽 1.5 ~ 1.6 厘米，厚 1.1 ~ 1.3 厘米，两侧睾丸重 4.4 ~ 5.0 克。精子在生精上皮内生成后脱落到曲细精管中，再移行到附睾中贮存。曲细精管之间的阿质细胞能分泌雄性激素，使公鼠产生性欲。

附睾呈不规整的圆形，位于腹向外突起所形成的盲囊内。附睾是精子贮藏部位，精子在这里继续发育成熟。

输精管呈弯曲的细管状，与血管、淋巴管和神经形成精索，其长约为 6 ~ 8 厘米。两条输精管上连附睾在阴茎的基部会合并开口于尿道。其功能是把精子由附睾尾送到尿道。

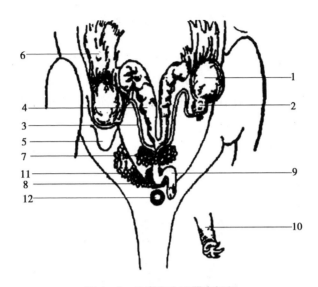

图 4 - 1 公麝鼠生殖器官解剖

1. 睾丸；2. 附睾；3. 输精管；4. 精囊腺；5. 附性腺；
6. 脂肪；7. 前列腺；8. 尿道球腺；9. 阴茎；10. 阴茎头部
（龟头）；11. 香囊腺；12. 肛门

　　副性腺由精囊腺、前列腺和尿道球腺组成。精囊腺发达，膨大呈多分枝，在非配种期不充满，呈空囊状。配种期精囊腺充满，内有白色胶体脉，其量约 15 ~ 20 毫升；前列腺在阴茎的基部，呈海绵状，交配时副性腺与输精管分泌的液体共同构成精液，精液使精子得到稀释和获能，还能润滑尿道，中和尿道的酸性反应来保护精子，输出精子。精囊腺所分泌的黏稠液体还有可能形成阴道栓，防止精液外流。

　　阴茎可分为阴茎根、阴茎体和龟头等 3 部分，由海绵体和阴茎骨构成，平时隐于包皮内，长约 3 厘米左右，粗约 0.2 厘米。龟头为卵圆形呈紫红色，顶端附有 3 根白色细软骨。海绵体在交配时充血膨胀而勃起使阴茎挺入阴道。包皮细长，由腹部皮肤凸起而形成，长约 0.5 厘米左右，明显高于腹部，完全包裹着退缩的阴茎。

麝鼠香囊腺一对，位于阴茎两侧，即处于腹肌与被皮之间，开口于阴茎包皮，重 1.0~1.5 克。在配种季节，麝鼠香腺分泌淡黄色油性黏液，具有浓厚沉郁的香味；而在非配种季节，香腺收缩变小，没有分泌物产生。

2. 母鼠的生殖系统

母鼠的生殖器官由卵巢、输卵管、子宫和阴道等构成，见图 4-2。

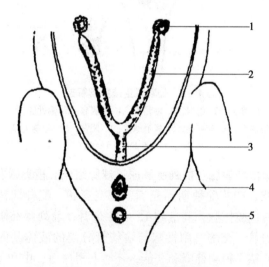

图 4-2 母麝鼠生殖器官解剖

1. 卵巢；2. 子宫角；3. 子宫体；4. 阴门：横向
阴道口、开口后方是无毛区、前方是尿道隆起；
5. 肛门

卵巢呈扁椭圆形，紧贴在脂肪膜上，长 0.2~0.25 厘米，宽 0.3~0.4 厘米，非配种期不发育，其重量为 0.2~0.3 克。配种期卵巢发育，重量为 0.5 ~ 0.6 克。交配季节卵巢色泽鲜红，表面凸凹不平，有许多探红色粒状突起。接近成熟的卵泡液中含有雌激素，达到一定数量时使母鼠发情。卵泡成熟后破裂，释放出成熟的卵子，同时形成黄体而闭锁。

输卵管口细微与其系膜连在一起，盘曲在卵巢上。它是卵子排出后移行到子宫的通道，也是精子与卵子相遇发生受精作用而形成受精卵的部位。同时将新的合子输送到子宫角内。

子宫由子宫角、子宫体和子宫颈等 3 个部分构成。麝鼠有双子宫角，每个子宫角长约 6 ~ 9.5 厘米，两子宫角末端有一小段彼此相连。子宫体短细，长约 1.5 ~ 2 厘米，直径约 0.5 ~ 0.6 厘米，为双子宫角会合后延长的部分。子宫颈管细而壁厚，肌肉发达，有许多皱褶，开口于阴道。子宫在交配时的收缩有助于精子向输卵管运行。同时它又是受精附植、胎盘形成和胎儿发育的场所。

阴道长约 3 ~ 4 厘米，内含黄绿色分泌物，它是交配器官和胎儿娩出的通道。麝鼠的阴门（阴道口）在非繁殖季节被阴道分泌物所覆盖呈封闭状态，繁殖期则红润而张开呈横向开口，长约 0.2 ~ 0.4 厘米。

二、麝鼠的繁殖特点及行为

1. 性成熟时期

麝鼠是季节性多次发情交配繁殖的动物。幼鼠 3 ~ 6 月龄即达性成熟。我国东北各地由于受季节的影响，其适宜的繁殖期为 4 ~ 9 月。性成熟受季节、个体营养、遗传等因素影响，个体间差异很大。一般早春 4 ~ 5 月产的仔鼠，秋季本应发情交配，但受营养不良、气候突变、水位猛涨等不利因素影响时，当年许多个体不能繁殖，直到翌年 4 月以后才开始繁殖。

2. 性周期

我国的浙江、湖北、贵州等省，气候温暖，水草繁茂，麝鼠繁殖期较长，一般从 2 初延续到 10 月末。北方气候较寒冷，水草长缓慢，麝鼠繁殖期较短。如东北各省的麝鼠繁殖在 4 月中旬到 9 月底。圈养条下，吉林地区的麝鼠于 3 月下旬发情交配，到 9 月上旬产完最后一窝仔鼠。一般繁殖季节在寒冷的北方为 4~9 月，温暖的南方为 3~10 月。

（1）公鼠的性周期　公鼠的性周期呈年周期变化，繁殖期公鼠经常保持有成熟的精细胞，随时可以配种。11 月气候逐渐变冷，睾丸逐渐萎缩，性欲减退，失去配种能力，进入静止期。幼鼠的性器官随身体增长而不断发育，直至成熟，以后转入年周期变化，与成鼠相同。

（2）母鼠的性周期　母鼠的年周期性变化与公鼠同步，但在其繁殖季节里，可多次发情和受孕，呈现出月周期变化。3 月中旬以后的母鼠具有发育成熟的滤泡和卵细胞，到 10 月份多数停止发情。一般初产之后的 2~3 天亦有排卵并接受交配的现象，称为"血配"，若血配未孕再经 15 天左右还可发情和交配。驯养程度、营养状况及生活环境等，均可直接影响性周期的时间长短，个体间差异很大，少则每 15~22 天为 1 个周期，多则 2~3 个月，个别还有年产 1 胎的。

3. 性表现

成龄麝鼠在春季冰雪融化后，下水游泳，改变由于越冬、环境不适、温度过低、食物欠缺等原因，造成的麝鼠营养不佳的体况。恢复后开始发情和配种。麝鼠进入发情配种期，其外生殖器官有着明显的变化，公母鼠性表现有差异，具体表现如下。

（1）公鼠性表现　公鼠从情绪上即表现为焦躁不安，兴奋异常、活动量增加。从外观形态上表现为睾丸明显下坠，龟头有时突露，香腺开始分泌麝鼠香，散发出浓烈香味，引诱母鼠。乏情期香腺停止分泌，睾丸缩回腹腔。泌香期的香腺分泌量与母鼠群发情周期呈正相关。

进入 11 月，公鼠性欲减弱，性表现不甚明显。此明，香腺停止分泌，睾丸亦缩回腹腔。一般地讲，公鼠泌香期的麝鼠香分泌量往往与母鼠群的发情周期一致，即母鼠发情高潮（即动情期）时，公鼠分泌量最大。

（2）母鼠性表现　母鼠的性欲表现比公鼠时间较晚，一般在 4 月上中旬才开始。主要表现为鸣叫、不安、兴奋、尿频、外阴变化等。母鼠发情周期一般为 15～22 天，发情期 3～7 天，其中发情旺期可持续 2～3 天，休情期 13～19 天。

母鼠在发情周期内，根据行为表现、阴部变化、阴道上皮细胞镜检变化、尿液 pH 值、阴道 pH 值，母鼠的发情周期可分为四个时期，各期时间长短不一。

休情期：13～20 天。此期，母鼠情绪稳定，食欲正常，常拒绝公鼠尾随左右。外阴紧闭且干燥，外阴部皮肤收缩呈黄白色。没有表现出强烈的性冲动。阴道上皮细胞体积小，边缘整齐，呈圆形或椭圆形，细胞核位于中心。尿液 pH 值 6～6.5，阴道液 pH 值 6.5～7。

发情前期：1～2 天。表现出兴奋不安，并时有鸣叫，十分注意观察公鼠的一举一动，但拒绝公鼠爬跨。此期，母鼠外阴部开始松弛，并出现湿润，产生轻度肿胀，从颜色上看，外阴黏膜呈粉红色。阴道上皮细胞体积小，细胞边缘出现不整齐，细胞核移开中心。尿液 pH 值 6.5～7，阴道液 pH 值 7～7.5。

发情期：时间延续 2～3 天。这个时期，母鼠兴奋程度加剧鸣叫次数增加，频率加快。同时，食欲明显减退。注意观察会发现，其外阴部充血膨大，阴门口张开，呈紫红色，有大量分泌黏液流出。发情的母鼠在水中喜欢追逐公鼠，上陆后迅即做出弯腰弓背的姿态，接受公鼠爬跨交配。阴道上皮细胞增大，边缘不整齐，细胞核偏于一侧。尿液 pH 值 5～7，阴道液 pH 值 7～7.5。

发情后期：1～2 天。由动情旺期的高度性兴奋状态逐渐趋于正常，食欲增加，恢复至正常水平。此时，母鼠停止不安的鸣叫，并拒绝公鼠爬跨。同时，其身体也发生明显变化，外阴部膨大消退，阴门开口缩小至关闭，颜色由紫转淡，呈正常淡红色阴道口分泌物也大大减少。阴道上皮细胞体积小，细胞核趋于中心，细胞边缘不整齐。尿液 pH 值 6.5 ~ 7，阴过液 pH 值 7 ~ 7.5。

母鼠于 120 ~ 140 日龄性成熟。公鼠的性成熟为 150 ~ 160 日龄。性成熟后有性表现。成年母鼠产后 15 ~ 20 天再次发情，但受孕机会很少，在第二个发情周期才能交配受孕。

4. 性引诱（图 4 - 3）

野生麝鼠在配对之前，公、母鼠彼此之间有一个相互选择的过程，一般成年鼠比幼龄鼠表现的更为明显，一旦成功，便能保持长期共居和繁殖。繁殖期，公鼠之间为争夺配偶而时常发生激烈格斗，因而亦有非家族或非同室公、母之间的交配。自然选择赋予麝鼠的这种本能，客观上控制了麝鼠本身近亲繁殖的程度，对提高后代的生活和适应能力以及"种"的延续都有积极的作用。

图 4 - 3　麝鼠性引诱

麝鼠动用全身各感觉器官进行性引诱，即求偶。气味作用于嗅觉，鸣叫作用于听觉，追逐和捕咬作用于视觉和触觉。公鼠在求偶时发出"哽哽"的叫声，追逐和爬蹲，家养时发现堵于小室出入口，不让母鼠进入，以便在水中找到交配机会；释放麝鼠香，以吸引发情母鼠接受交配。母麝的性引诱行为，虽不像公鼠那样明显，但在发情前期就开始对环境敏感，并注意公鼠性行为；临近发情时，则越发趋向异性，主动接近公鼠并嗅闻其性器官；进入发情期，母鼠表现不安，活动频繁，嗅舔外阴部并发出"哽哽"求偶声，主动接受公鼠爬蹲。

5. 交配（图 4 - 4）

麝鼠属子宫内受精动物，两性结合需要身体接触并使阴茎插入阴道。麝鼠的交配也多表现为公鼠活跃和主动，交配前伴有一段相互追逐、嬉戏和爬蹲等性刺激过程。直到公鼠散发香味并发出"哽哽"叫声时，母鼠在水池中或运动场发出迎合叫声等待交配。遇有公鼠不理睬或不出小室时，母鼠则主动接近公鼠并将其唤出小室，此时公鼠与母鼠从小室到运动场再到水池往返多次追逐和嬉戏，短则半小时，长达 2～3 小时的周旋，求爱成功后，雄鼠骑在雌鼠背上卧跨交配。交配时雄鼠爬跨地母鼠背上，前肢抱住雌鼠的腰部，臀部抽动，用后肢和尾频繁打水，发出很大的"啪啪"声。同时雌鼠高举后驱，尾巴偏向一侧，每次交配时间 15～35 秒，重复多次，一般持续时间 1～2 小时。也有从傍晚交配到深夜的。交配结束后，雌鼠随雄鼠的滑向横卧，然后分开上陆，各自抖动身体，洗刷被毛，回窝进食、休息。次日重复交配，持续 1～3 天。麝鼠交配活动多集中在早晨或 14：00～21：00进行。交配大多在水中进行，在运动场或窝室内达成交配的为数甚少。

在母鼠交配后的第二天清晨，其阴道内可以检查出公鼠精囊腺分泌物所形成的白色管型胶体栓。此栓如果排除，母鼠可再次接受交配。如果不排除，母鼠不接受交配。交配后，公、母鼠各

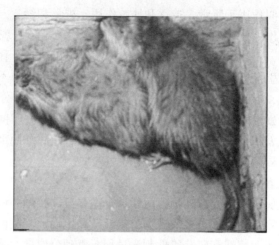

图4-4　麝鼠交配过程

自整理自己的外生殖器，回窝室长时间休息。经过2~4天，种鼠停止鸣叫、追逐和交配。交配结束后，公母鼠仍需要同居生活。

　　一般情况下，麝鼠在水中交配占70%以上，在陆地很少交配。不过，如果水质较差、浑浊不清、水深不够时，麝鼠宁愿到陆上交配。

　　有时个别种鼠一连鸣叫7~8天，虽然也有嬉戏行为，但实际上没有达成交配，这时可将配种能力强的公鼠换上，然后细心观察，约1~2小时后公母鼠没有敌意，又不互相惧怕时，等2~3天后哽叫声停止，就可能达成交配了。然后再将这只公鼠送回原窝。更换公鼠时，不能用刚产仔的窝室中的公鼠，否则会影响本窝母、仔鼠的护理和下次再配种。

　　在营养良好的情况下，麝鼠产仔后2~3天即可接受交配，此即"血配"。但一般地说，产后15天以后才能再次发情交配。不过，这两种情况下，受孕的机会都极小，几乎不可能产生繁殖行为，只有在第二个发情周期才能交配受孕。

6. 妊娠

麝鼠的妊娠期长 25~29 天，平均 28 天。根据受精卵发育的不同阶段分为妊娠前期、妊娠中期、妊娠后期。妊娠前期是指精子与卵子结合到受精卵附着这一阶段。此时受精卵内的细胞分化，并向子宫移动，最后附着于子宫角上 1/3 处。妊娠中期指受精卵附着到胎膜分化这一阶段。此时胚胎组织分化、器官形成、重量增加。妊娠后期指器官形成进入胎儿阶段。此时胚胎生长迅速、重量增加、胎儿成型。妊娠后期特别是产仔前一周，母鼠采食量增加，腹部明显变大下垂，后躯粗圆。此时孕鼠活动减少，行动小心、缓慢，多数时间卧在小室内休息，用叼入的干草堵严窝室缝隙，将草撕得细软絮成草窝。临产前将自己拔掉的乳房周围的毛绒放到草窝内。用草严密封门是麝鼠特有的临产表现。一般在母鼠产仔前 1~2 天，公鼠一边向窝室运送絮草，一边用草将走廊通向窝室的门堵严。这与平时遇有刮风、强烈光线刺激以及受惊扰时出现的堵门有显著区别，前者堵门的特点是封严、不破坏，公鼠需出门时随即将门照样封住，后者用来遮风避光时，只将草堆放在走前，却不封门。如遇惊扰时，用草虚掩门，母鼠在门内侧时而将草扒掉向外紧窥视，时而用草再将门掩上，表现出十分不安，平静后立刻将掩门草扒掉。临产前多数雄鼠还在洞口单独做一个窝。

7. 分娩

母鼠产仔一般是在小室内进行，亦有个别雌鼠将仔鼠产在走廊内。与其同居的公鼠不与雌鼠同居，而是睡在洞门的边上警卫，一有惊吓，立即做出反应。公鼠则颇繁的出入窝室为母鼠运送食物，贮藏饲料，用草封门。只有个别公鼠不能护理母鼠和仔鼠。

麝鼠母性很强，一般产后 5~7 天内除外出到运动场或水池中进行血配或排便外，绝大多数时间守护在仔鼠身边，予以保暖和哺乳，很少外出活动和采食。食物是由公鼠送入，公鼠送食后还要将出入口堵严，个别也有因气温偏高而不堵出入口的。根据上述行为表现判定母鼠已经产仔了。仔鼠出生后一般不叫，只有在缺奶伤亡条件下，仔鼠才会发出吱吱的叫声。

母鼠产后 14～16 天，再次开叫，求偶和交配。前后两次产仔的时间平均为 56 天。经产母鼠窝平均产 7.4 只，初产母鼠5～7 只。

8. 哺乳

出生的仔鼠在出生后几分钟内就能依靠本能吮吸乳汁，仔鼠初次吃到的奶称为初乳，初乳中含有大量的维生素与免疫球蛋白，对于仔鼠的生长发育具有重要的意义。乳汁是仔鼠生长发育唯一的来源，泌乳的数量与质量是仔鼠生长发育的基础。泌乳量一般用以下公式推算：20 天泌乳量等于 20 天全窝仔鼠重减去出生窝重，再乘以 3。运用此法，推算出一雌鼠胎产 9 只仔鼠的泌乳量为 2.5 千克。影响泌乳量的因素很多，一般产胎数的的母鼠的泌乳量高于初产鼠。环境因素和营养因素起决定作用。因此在繁殖期（4～9 月）一定要保证有充足新鲜可口的粗饲料与全价精饲料，以创造良好适宜的繁殖环境。

9. 分窝

仔鼠生长很快，产下 30～40 天左右即可开始人为断奶，这样不仅能使母鼠泌乳素含量减少，加快胚胎着床发育，且仔鼠不易感染球虫病。

三、提高麝鼠繁殖力的综合性技术措施

（一）繁殖力

麝鼠的繁殖力是指麝鼠的繁殖能力，它包括繁殖率、成活率、怀胎率、增殖率和净增率。在目前的情况下，家养麝鼠的繁

殖能力远不及野生的强。在野生条件下，一只雌麝鼠年产 3 胎，每胎平均产仔 7.4 个，每年可产仔 20 余只，但育成成活率较低，仅达到 50% 左右，主要是由于夏季汛期涨水造成麝鼠迁移，或被天敌侵伤或被淹死所致。在人工家养条件下，麝鼠育成成活率大大提高，可达 97%，几乎接近 100%，但产仔率仅达到 92%，且二胎和三胎率远比野生状态下少很多。

从理论上讲，人工家养麝鼠的繁殖力应该优于野生麝鼠，因为家养条件下，不存在夏季出现的汛期及湖泊河流涨水所造成的麝鼠被迫迁移，再加上合理的日粮水平，应该足以较野生状态下多产仔，但实际情况却是人工养殖较野生少产仔。分析原因可能是由于家养条件下，环境、营养等仍不完全适宜麝鼠的繁殖条件。

1. 繁殖力的计算方法

$$繁殖率（\%）= \frac{产仔只数}{应繁殖的雌麝鼠数} \times 100$$

$$成活率（\%）= \frac{仔鼠分窝成活只数}{实际产仔数} \times 100$$

$$怀胎率（\%）= \frac{总产胎数（年）}{应繁殖的雌麝鼠数} \times 100$$

$$增殖率（\%）= \frac{本年内产仔成活数}{上年末麝鼠总只数} \times 100$$

$$净增率（\%）= \left(\frac{年末麝鼠总只数}{年初麝鼠总只数} - 1 \right) \times 100$$

2. 繁殖率的计算

（1）胚胎法和子宫瘢法 对得不到准确产仔记录的雌麝鼠，可通过解剖或观察来掌握雌麝鼠子宫的胚胎数和子宫瘢的个数，将两数相加，便是该鼠一年的总产胎数。

雌麝鼠每妊娠一次，就留下一批子宫瘢，该瘢的色泽、大小较一致，可与第二次留下的子宫瘢相区别。据此，能了解到雌麝鼠产仔的次数。

（2）直接记录法 直接记录法适合人工养殖的麝鼠，通过记录产仔数、产胎数，可正确地进行分窝配对。

3. 繁殖障碍

雄麝鼠的繁殖障碍称为不育，雌麝鼠的繁殖障碍称为不孕或空怀。

繁殖障碍有先天性的、获得性的和技术性的3种。其中，先天性的很少见，主要是获得性的和技术性的。麝鼠的繁殖障碍在野生条件下，主要是先天性的；在人工家养条件下，主要是获得性的和技术性的，见图4-5。

（二）提高麝鼠繁殖力主要措施

1. 加强驯化，合理组合

麝鼠驯化程度与驯化年限对繁殖有直接影响。除对野生麝鼠经常进行驯化外，对家养后代也应加强驯化。可采用食物逗引法驯化，即固定给食时间，给食时发出信号以及人员经常接近，轻轻抓拿，抚摸等，使麝鼠尽快熟悉和适应家养环境和条件，为繁殖创造有利的条件。同时自幼鼠开始组合1雄1雌的家族式管理，加强驯化，能提高繁殖效果。

2. 饲料多样化，保证营养需要

饲料要做到多样化，保证营养需要，是提高繁殖力的重要基础。麝鼠在各个饲养时期，日粮标准差别不够明显，但是不同时期营养需要有所不同。为保证供给足够的营养，维持正常的生长发育，应根据各个时期特点适时调整和添加必要的辅助饲料。在繁殖季节可以喂少量的动物性饲料，对生殖生理机能有促进作用。

3. 提早供水，勤换池水

水不仅是康鼠生活所必需，也是繁殖所不可缺少的重要物质。应提早供给麝鼠足够的水源，将池水勤换是促进繁殖的有利条件。

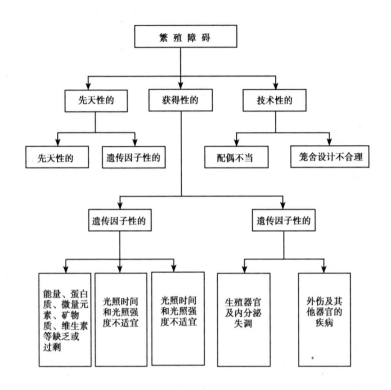

图 4 – 5　麝鼠的繁殖障碍分析

经过实践证明，早春 3 月给水要比 5 月给水好，麝鼠可提前 1 个月产仔，胎次也大有增加，早给水年产 2 ~ 3 胎，而晚给水则每年只产 1 胎，甚至错过繁殖的机会，造成空怀。这是因为麝鼠对水有较特殊的敏感性，尤其是早春提供池水可使麝鼠的食欲增加，促进性器官的恢复，体况得到尽快调整，提早进入繁殖进。此外，池水对调节小气候、降低高温对麝鼠的不良刺激有重要作用。

4. 加强保温与防暑

加强冬季保温防寒和夏季防暑，保持麝鼠繁殖的适宜体况，是保证麝鼠安全越冬，提高体质的重要措施，也将直接影响着繁殖能力。越冬期保温不好，会造成麝鼠消瘦，甚至将尾巴、趾蹼冻坏，入春以后一直很难恢复正常体况，迟迟不能投入繁殖。夏季防暑也非常重要，否则种鼠圈内闷热，会使种鼠产生性的抑制，降低性欲或发情迟滞，从而影响其繁殖。

5. 加强管理，讲究卫生

麝鼠喜爱清洁，有较强的自洁能力，但人为创造的环境过脏，麝鼠很难适应。当窝室或水池的浴水不洁时，它就会感到不安，忙碌于在窝内外搞清洁卫生，对其繁殖有一定影响。另外在夏季，吃剩下的不洁青绿饲料或是潮湿的褥草，若不及时清除和更换，常会腐烂发霉，产生高温，容易闷死仔鼠或造成瘫痪，降低仔鼠的成活率。

6. 选种选配

近年来各地所饲养的麝鼠，都是在自然产区捕捉而变为家养的。种麝鼠无论是毛色、繁殖力或其他生产性能都有很大的差异。因此有计划地调换种鼠，更新血缘，选种选配，有利于提高种群的素质和繁殖力。5~6月未产仔，还总有发情表现，而且不受孕，则对麝鼠进行重新选配，以便于提高繁殖力，淘汰没有繁殖能力的种鼠。麝鼠的有效繁殖期为2~4年，凡是有2年繁殖历史的麝鼠要及时淘汰，留取优秀种鼠的后裔作种鼠，这样可以保证种鼠群始终有较高的繁殖力。重新选配时，可以从已妊娠的母鼠的配偶中选择公鼠，与未妊娠的母鼠临时配对。

第二节　麝鼠的育种

麝鼠是野生毛皮动物，其驯化时间不长，还没有脱离野生状态而形成一个家养的变种。目前各地的养殖，大多数尚停留在对现有种源的人工繁殖、扩大数量规模上面，还没有真正从麝鼠产品的质量提高上下功夫。而这方面的工作就应主要由麝鼠的育种来完成。

育种是人们以现有的种质资源为基础，充分考虑不同产地、不同特点的种源差异及其优势，通过纯种选育、杂交等方法，将各种优异的种质资源（优良的遗传基因）集中于某一个体，然后通过这类个体的繁殖扩散，改善整个物种的性状，提高生产率。育种可以获取新的优良麝鼠品种。

一、麝鼠育种意义

1. 保护种质资源

由于麝鼠被人工驯养，从野生状态转变为家养状态，其许多种性特点在驯养过程中会逐渐变异退化。事实上，由于人工养殖的保护性措施，使得麝鼠的应变能力、抵抗能力大大减弱，它们不需要再去为了生存而寻找食物、打洞造穴、逃避天敌，变得贪睡、懒动、退钝，许多优秀的种性在失去。同时，由于它不需要再去忍受酷寒，它们的皮毛已经远不如野生状态下完美、厚实、富有韧性。人工的药物治疗、卫生防疫使它们的自身免疫机能逐渐丧失，变得容易感病。

育种工作，可以使这些优秀的种性重新被集中起来，综合体现于某些育成个体上，这无疑使麝鼠野生状态下的优秀种性得以保存，并可在一定条件下发扬光大，对人类作出应有的贡献。

2. 提高品质

麝鼠育种，将会产生许许多多不同性状的育成个体，其中，有的个体性状尚不如原有种源，甚至劣于亲本。有的性状与亲本大同小异，没有品质上的明显差异。还有一些个体，在品质性状上具有比它们的亲本更优良的特点，尽管这类个体数量比例很小但只要有，就可以把这个新的种质资源扩大繁殖，形成一个高品质的麝鼠良种。用这个良种作为实际生产的种鼠来源，就促进了麝鼠产品品质的根本性提高，从而也提高了麝鼠养殖的经济效益。

3. 提供优良种鼠可以大大提高育种者经济效益

通过育种，繁殖出大量的优质种鼠。种鼠的出售价格，往往比直接以商品鼠，甚至屠宰取皮后以初加工毛皮形式出售价格高出许多，优良种鼠价格就更高。而且，在育种过程中，繁殖率并不降低，况且优良品种育成前繁育出的非优良品种的麝鼠，并不损失，仍可以普通商品麝鼠形式出卖或加工。所以说，麝鼠育种可以使育种者获取更大的经济效益。

二、麝鼠育种目标

麝鼠的性状很多，其中经济价值较大的主要有体型（体重和体长）、毛绒品质（针毛和绒毛的密度、长短、粗细以及毛色深浅等）、泌香能力（香腺囊和泌香量）、繁殖力（包括繁殖率、成活率、怀胎率、增值率、和净增率）和生长发育速度等性状。麝鼠的体重和体长直接关系到它所能提供的皮张面积和产肉力；毛色等毛绒品质，直接影响其利用价值和售价；泌香能力关系到泌香量的多少；繁殖能力高低和生长速度的快慢，又直接涉及生产周期的长短与饲养成本的高低。一般来说毛色正、体长35厘米以上、香腺囊大、繁殖力强的性状为好。

三、麝鼠育种措施

麝鼠育种，应采取纯种选育和杂交育种相结合的办法。同时还应将育种工作同改善饲养管理条件相结合，才能培育出优良家养麝鼠。

1. 纯种选育

这实际上是一种去杂留纯的过程，是在同一麝鼠群内进行提纯复壮。即将同样具有某种优良性状的麝鼠选留做种，并逐年选优去劣进行繁育，使麝鼠的许多性状如毛绒品质，体型大小、繁殖力高低等得到提高，逐渐改善种群质量，并最终稳定于一个较高的水平。

纯种选育的基本方法是：首先进行品系或品族繁殖，在繁殖过程中一旦发现某个体具有某些特别的优良性状，即以之为核心采用近交方法繁殖，获得具有其遗传性状的品系、品族，然后品系、品族内或相互之间交配繁育，即形成一个新的种群。通过对此优良性状的逐年跟踪提纯，即可逐渐稳定，最终选出高品质的种鼠，其优良性状可以比较稳定地遗传下去。

2. 杂交育种

选取两个或两个以上的具有不同的优良性状，并有着不同的遗传类型的个体，进行交配，通过其杂交产生的后代的不断繁育，选出稳定具有以上两个优良性状的个体，进行近交繁殖，即得杂交新品种或新类型。

杂交育种的关键是正确选择亲本，要注意选择各具明显不同却又十分特别的优良经济性状的公、母鼠进行配对。首先让选取的亲本交配，生下杂交一代，再将杂交一代与亲本一交或与亲本族的繁育一代交配，当杂交到几代以后，再进行杂种间的横交进行固定，稳定那些有益性状。注意要不断对杂交及横交后代进行性状选择、汰劣存优。当杂交已获得稳定具有目标性状时，即可进行自群繁殖，培养出新的优良品种或类型。

四、麝鼠选种技术

确定优良性状，并选取带有此性状的优良个体，是育种中十分重要的环节。选种的严格与否，直接关系到其后代族谱的品质性状，关系到育种的速度及其最后育成种鼠的品质。进行人工饲养，种鼠的引入十分重要。优质种鼠是保证鼠群迅速扩大、商品麝鼠量迅速增加及商品质量优等的基础前提之一。

最初开始建场饲养或家庭笼养，都是从外地购进种鼠，逐渐扩大繁殖，发展规模达到一定程度时，即可采取自留选种方法。

种鼠的买卖，目前，在我国一般是双方自由议价，随行就市。种鼠的引入过程，有两个环节值得引起高度重视，即种鼠的选择及种鼠的运输。

（一）种鼠的选择

由于我国现在尚未普遍开展麝鼠育种工作，因此也没有一整套标准程序，没有可供共同遵循的成熟的标准、性状指标。麝鼠育种的鉴别、选种可从以下几方面来进行。

1. 购种时间

一般购买麝鼠种鼠最适宜季节为每年 3~4 月及 9~10 月。此时气候凉爽而又不寒冷，便于种鼠的异地运输。而且，这时麝鼠生长发育处在比较理想状态。3~4 月时，成鼠尚未进入繁殖期，而且已经结束了越冬期管理，进入生命力旺盛时期。9~10月，当年幼鼠已经达 5~6 月龄，性发育成熟，体形、体重均已达成鼠的 80% 左右。这一时期，麝鼠毛绒生长也趋于良好，容易选出好种。

2. 鼠龄大小

一般在秋季应引进当年春季头胎育成鼠，春季则应选取头一年的第二胎育成鼠。也就是说，最好选择 5~10 月龄的育成鼠作为种鼠。因为鼠龄过小体质弱，抵抗力差；鼠龄过大，则繁殖功能有所下降，且性情暴烈，一方面难以运输，另一方面也难以异地驯化。小鼠与 6~10 月龄育成鼠容易区分，从体长、尾长、体重等方面可以很直观地辨出。而老龄鼠与育成鼠的区别则不那么直观，必须从体重、趾爪形态、牙齿生长及皮板松紧度等多方面辨识。一般育成鼠体重 650~850 克，而老龄最大达 1 000~1 500 克，体形相对较大。育成鼠趾爪质嫩，完好，半蹼较小且很少磨损，而老龄鼠的趾爪质地完全角质化，且表面粗糙，半蹼也较大，趾爪及蹼均有较大程度的磨损。育成鼠牙齿洁白、整齐，比较锋利，而老龄鼠则发黄、参差不齐且钝圆。从皮毛来看，育成鼠油光滑亮，且被毛均匀皮板紧绷于身体，而老龄鼠则被毛不匀，皮板发干、发松、发皱。

3. 种鼠选择

一般地讲应以个体品质鉴定、系谱鉴定及后裔鉴定的综合指标为依据。

（1）个体选择 在选择种鼠时，应选毛绒致密，毛被呈深棕色，且有光泽、有弹性、性情温顺，神态活泼，健康无病，外貌端正，五官尾巴四肢齐全，无外伤无弓背，体况适中，食欲良好，发育完全，发情正常，体温正常。无眼屎，无鼻炎，9 月龄雄鼠体重约 1 千克，雌鼠约 0.8 千克，体长接近 30 厘米，胎平均产仔 5 只以上，年产 2~3 胎。种公鼠要求体形大，且后肢粗壮有力，母鼠则要求体型细长、四肢较高。

（2）系谱选择 根据麝鼠及其亲属重要性状的生产记录的成绩选择。分为祖先成绩选择、自身成绩选择、全同胞或半同胞的成绩选择，和后裔成绩选择。祖先的成绩：根据麝鼠祖先的生产性能评价动物的种用价值。其中，麝鼠祖先及其生产性能的记录称为系谱。自身的成绩：根据麝鼠自身的生产性能评价动物的种用价值。全同胞或半同胞的成绩：根据麝鼠全同胞或半同胞的的生产性能评价动物的种用价值。后裔的成绩：根据麝鼠后裔的的生产性能评价动物的种用价值。

（3）后代鉴定 将经过系谱选择留下来的后裔群进行再次鉴别、比较，从中选优。也就是对子代的品质、遗传性能、利用价值进行综合评估然后进行后代与亲代、后代个体之间、某一后代与全群的比较以选出更好的个体。

4. 性别搭配

这是很关键但也容易被忽略的问题。麝鼠第二性征不明显，其性别直观判断比较困难。但选择种鼠时必须进行性别鉴定，做到公母搭配引种。

育成鼠性别可以从以下几方面综合确定。①肛门至尿生殖孔间距离，公比母长约1/2；②肛门与尿生殖孔间的毛被，公鼠致密，母鼠稀疏；③翻扒尿生殖孔，露出紫黑色圆形龟头为公鼠，若只见粉红色空洞（阴道）即为母鼠，见图4－6、图4－7；④触摸尿生殖孔前方两侧若有隆起，即为公鼠（隆起部分为附睾和麝鼠香腺），若无则为母鼠；⑤排尿特征，提起尾部使之间断性排尿，一般公鼠排向头部、母鼠排向后方；⑥观察行为，较大胆、性情粗暴的为公。

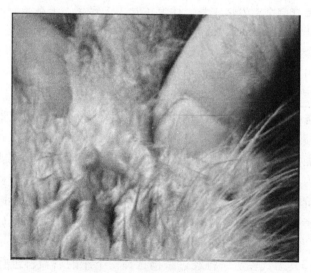

图4－6 公鼠生殖器官图

5. 地域来源

选择种鼠，最好从不同的地方，或从同一地方不同的饲养场，或从同一饲养场的不同鼠群家族中挑选。这样，尽管在引入分窝配对时要经过稍长的时间才能融洽，但可以增加异地、异族

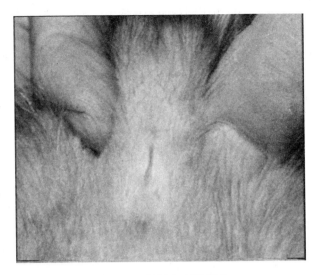

图4-7 母鼠生殖器官图

的杂交配种优势，防止近亲繁殖引起的种性退化。

（二）种鼠的运输

运输麝鼠最好使用小运笼，每个笼内装一只麝鼠每2个或4个笼连为一体，装笼时，应使准备配对的公母鼠相邻，形成"公—母—母—公"四位一体的形成，这样既可以防止好斗的公鼠间相互咬斗造成伤亡，还有利于配对公母的迅速融洽，也有利于运输。

在装笼起运之前，要给麝鼠进行充分的水浴，喂足饲料，然后关好笼门。在笼内放些麝鼠喜食的新鲜青绿多汁饲料，供其自由采食。如果是长途运输，还必须准备好水桶、大盆等盛水容器还有必备工具如铁丝、钳子等和足够的备用饲料，如胡萝卜、萝卜、黄瓜、白菜、西瓜皮等多水饲料。汽车运输时，要注意遮风挡雨避日，要安装车篷才能运输。火车运输时也必须注意通风透气。

运输途中，麝鼠由于颠簸而容易疲劳。所以，押运人员要注意观察其精神状态和食欲，采取适当对策，以调节其状况。白天行中途最好能进行水浴，以降低温度，缓解疲劳，并保证其饮水，当发现有中暑现象时（此时眼角出现眼眦，目光呆滞无神），应立即进行水浴，每次 3~5 分钟，连续进行几次。水浴很简单，只要将笼子斜放入装水的大盆中，既能让麝鼠浸入水中，又能露头换气。

总之，运输过程中的管理是十分特殊的。条件简陋，缺少必备手段，容易发生问题，所以，随车管理人员必须严密注视，认真防患，及早采取措施，从饲喂、水浴、防暑、通风、消除疲劳、清扫卫生等各方面加以管理。

五、麝鼠的配种技术

通过育种、选种，选出了一些带有优良性状的种鼠以后，还必须通过这些种鼠进行公母配对近交，把种源扩大，进入实际生产。

1. 麝鼠的选配

种鼠繁育的关键是公母选配。选配实际上是选种的继续，它是在选种的基础之上，为了获取理想的具稳定优良性状的后代而具体落实的公母交配策略。选配工作既是育种配对的重要环节，也是育成种鼠扩大繁殖的关键。

选配有一个基本原则，即根据综合选择、鉴定指标，优配优、优配中，避免劣配优。

（1）同质选配　这是一种强化措施，它是指把具有相同的优良性状的公、母鼠放时交配，以期在后代中巩固或提高双亲具有的优良性状。一般多用于纯种繁育中。如把两只同样具有大型体形的异性种鼠放对交配，则其后代就可能会获得更加稳定的优良体型性状。

（2）异质选配　这是一种综合措施，把几只种鼠的不同优良性状综合于它们的后代。即选择不同优良性状的个体，或同一性状有所差异的个体交配。这种选配往往是改良品质、提高生产性能及综合有益性状的有效方式。

选配工作一般应在配种开始以前，即3月以前完成，并编制出计划，照此实施，以备查找。

（3）随机交配　这种选配能保持群体结构不变。育种后期，得到一定数量的理想麝鼠后，需要迅速扩大群体，增加数量时采用这种选配方法。

2. 麝鼠的配种

以如前述，麝鼠为季节性繁殖的毛皮兽。繁殖期长短依其所处环境条件的不同而有差别。

（1）配种形式　野生麝鼠为成对长期共居生活，而且在配对组成过程中有选偶性。若想家养麝鼠繁殖成功，必须考虑麝鼠的这一特性。目前，圈养麝鼠的配种方式有如下两种。

其一是1公1母终生配对繁殖法。秋末按制定的选配方案，将1只公鼠和1只母鼠共一个圈内同居生活，翌年春季后自然交配，若不发生意外伤亡，直至淘汰年龄为止。若干年后，将会得到一群全同胞后代。

其二是调换公鼠的1公1母配种法。冬季时公、母分群饲养，在繁殖期到来的前半个月，按着选配方案，将公鼠与指定的母鼠同放在一个圈内共居生活。繁殖期过后，再将公鼠与母鼠分开饲养。翌年根据需要可更换公鼠，重新配对。采用这种方法，若干年后将会得到性状和生长性能相似的一群全同胞和半同胞后代。

（2）配偶组合　麝鼠选偶性很强，不适宜的公、母放在一起时难以配对、同居。人工为其配对时，先用笼网将公、母隔开，使两者可望而不能接触。经过1~2天后，两者若能相互嗅闻，表示亲近时，可使其同居；两者相望若一方或彼此都发出示威的呼呼声以及磨牙的咯咯作响声，应抓走一方重新进行组合。

经验证明，实行1公1母常共居、自然繁殖的方法，以幼龄期、即尚未达到性成熟时期的健康鼠进行配偶组合的效果为佳。因为幼鼠易合群、不格斗，自幼组合的配偶能常年和睦，对繁殖有利。人工进行幼鼠配偶组合时，饲养者应具备熟练地鉴别公、母鼠性别的技术。已经组合的配偶，不应随意将其拆散。

六、麝鼠育种标记

为了便于管理、记录，建立健全育种档案，必须进行个体标记。

1. 种鼠的编号

为了准确地对种鼠进行鉴定比较，选择淘汰，对每一个体必须有确切的包括种鼠的谱系和生产性能等记载资料。因此，种鼠的编号就成为育种上的一项重要工作。种鼠的编号分为两个部分，前面是年度，后面为鼠号。公鼠号尾为奇数，母鼠号尾为偶数。如果建立了家系或品系，还要有家系或品系的代号，列在年度与鼠号之中。编好的号打在铝制的号标上，套在种鼠的尾根上或腿上。

2. 育种记录

进行育种工作，必须有育种记录表格，以便及时记录有关情况和资料，利于查考，总结和分析，使育种工作顺利进行。

育种记录表格有多种多样，一般至少应有下列几种。

（1）编号表　内容应有品种、品系、家系代号和个体标号。

（2）仔鼠生长发育登记表　内容有体重和体尺，至少应包括初生、断乳、2月龄，3月龄和6月龄等5个时期的体重和体尺数据。

（3）父系家系和母系家系登记表　建立家系后应有家系登

记表，可在父系项下分母系登记。

（4）种鼠卡片并附谱系表　应反映种公母鼠的生产性能、特征和后裔鉴定成绩等。

（5）鼠群生产登记表

3. 生产性能的测定与计算

至少包括体重与体长的测定和胎平均、群平均和成活率的计算等内容。

第五章　麝鼠饲养管理

第一节　麝鼠的生长发育及阶段划分

一、麝鼠的生长发育特点

仔鼠从一生下来，便开始了它们短暂且完整的生长发育过程。仔鼠出生以后 30～40 天，也就是哺乳期，其外部形态发育及行为发育都是最迅速的，35～40 日龄即可断奶。

1. 外部形态发育

肉眼直观的第一感觉，初生仔鼠简直就是一粉红色的肉团。它全身裸露，体无被毛。皮肤柔软细嫩、很薄且存在一些皱纹。除身体背面略呈灰色以外，其余各部分均呈肉红色。仔细观察可看到脐部有一瘢痕突起。

1 日龄，在身体背面、前肢掌背、后肢掌背开始有黑色素沉积，呈淡灰黑色，身体两侧稍浅，而耳朵、腹面仍呈肉红色，见图 5-1。仔细观察，可发现仔鼠指（趾）端已有角质爪伸出。门齿常未长出。

自 2 日龄起，绒毛逐渐长出，身体背面颜色越来越深，腹面的粉红色日趋褪变。且门齿开始长出。

至 10 日龄时，仔鼠全身绒毛已经较密，除部分仔鼠在个别部位如四肢内侧基部、耳根部等仍有少量粉红色皮肤外，其余均已变色。一般地讲，身体背面变为灰黑色或淡棕褐色，腹面变成灰白色或灰黄色。此时仔鼠门齿已长达 0.8～1.0 毫米。

图 5 - 1   1 日龄仔鼠图

　　12 日龄左右,在前胸及后腹部分别有呈八字状排列的 6 个和 4 个黑色小斑块,有的还十分显眼。

　　20 ~ 30 日龄,被毛基本长全,较厚且密,见图 5 - 2。

　　30 日龄以后,仔鼠体色即已接近成鼠,被毛进一步长厚。门齿开始由白变黄,且变得很锋利,上门齿长约 3 毫米,下门齿可达 4 ~ 5 毫米。

　　睁眼是哺乳动物发育的重要特征,是指眼球突破皮膜包盖而露出。初生仔鼠两眼紧闭,不能睁开。眼球还被未完全分化的较薄的皮膜所包盖,没有视力。根据观察,仔鼠睁眼始于 13 日龄,个别的从 18 日龄开始。有的先睁左眼,有的先睁右眼,有的则双眼同时睁开。

　　关于仔鼠体形大小,一般初生麝鼠体长 5.0 ~ 8.0 厘米,尾长 2.0 ~ 3.0 厘米,体重 15 ~ 30 克。到 10 日龄,体长可达 10 厘米以上,尾长可达 3.7 ~ 5.6 厘米,体重增至 40 ~ 70 克。到 3 月龄,体重即可达成年鼠的一半,一般在 500 ~ 800 克,身长、尾长均已达成年鼠的 80% 以上。表 5 - 1 是仔鼠的日龄与体重、尾长的对照表。

图 5 - 2　25 日龄仔鼠图

表 5 - 1　仔鼠日龄与体重、尾长关系

日龄（日）	初生	10	20	30	40	60	80	100
体重（克）	22.0	57.5	103.5	184.0	268.1	459.6	583.1	622.8
尾长（厘米）	2.7	4.9	7.2	10.1	12.7	16.5	18.4	19.8

一般地，从 100 日龄即 3 个月龄以后，仔鼠的形态发育减慢尤其是身长的增加放慢，到 5~6 月龄即完全长大至成鼠。

2. 行为发育

初生仔鼠常成堆侧卧蜷缩于草巢中，缺乏爬行能力，难于翻身，嘴稍张开，在饥饿或受到外界异常刺激时，发出"吱吱"

叫声。5~10日龄时,能在窝内蠕动。13~15日龄时,可以缓慢爬行。睁眼后,爬行能力逐渐提高,速度增快。16日龄时,有站立姿势和攻击行为。18日龄时,开始有咬草叼草和游走寻食行为。19~22日龄时,开始采食。22~26日龄时,有迅速逃遁躲藏行为。23~29日龄时,开始下水游泳,用前爪扒窝草,啃吃西瓜皮,相互戏斗。30日龄时,可用嗓牙的"咯咯"声作为示威信号。至30日龄时,有采食、饮水、游泳、自卫等本领能够独立生活。尽管仔鼠一般在30~40天即断奶,但是,在自然环境下,离奶后的幼鼠可较长时间与其双亲同居或在其附近居住,互为照应,直至另行挖洞重组新家才离开双亲。

到了4~6月龄,仔鼠长成大鼠性发育成熟,可以交配,但自然状态下只有早春第一窝仔才能在当年参加繁殖,而夏秋季出生的幼鼠则需越冬后,第二年投入繁殖。一般麝鼠最佳繁育年龄为1岁。

麝鼠从出生到死亡,一般寿命在4~5年,最长可达10年。家养麝鼠的可繁殖利用年限为公鼠2~3年,母鼠4~5年。

二、麝鼠饲养阶段的划分

不同时期,麝鼠的活动习性、生育特点、营养需求都不尽相同。因此,必须根据不同的生育时期进行麝鼠的人工饲养管理。目前,一般将麝鼠饲养阶段划分为:准备配种期、配种期、妊娠期、产仔哺乳期、幼鼠生长期和越冬期。

准备配种期实际上是静止期(或恢复期)向配种期的过渡阶时间一般在冬春交接时期,即1~3月,时段长度约100天,这一时期,麝鼠经越冬以后,性器官开始恢复发育,为配种作准备。这一时期管理的主要任务,除了调整体况外,主要是促进生殖器官的迅速发育,以保证配种期有正常的性机能。

每年10月下旬,家养麝鼠的最后一胎仔鼠断乳分窝独立生活，种鼠和幼鼠均需要经过越冬期到翌年春季才能进行繁殖，此期麝鼠活动较少，可进行维持饲养，但此期又是冬毛生长结束毛皮成熟和取皮的时期，其标准不可偏低，同时故越冬期饲养管理的好坏对种鼠的成活和下一年的繁殖有直接影响。

4~9月为麝鼠的繁殖期，此期包括配种、妊娠、产仔哺乳及仔鼠育成期。

第二节　麝鼠饲养管理的四大要素

在麝鼠的饲养管理过程中，必须依据其生物学特性，采取相应措施才能收到良好的繁殖和经济效益。

1. 水

麝鼠喜水，尤其在发情配种期更是离不开水。除冰冻季节可不供其浴水外，其他季节里约为8~9个月时间都应提供浴水。提早给水可促进其早日恢复体况，有利繁殖，最好在3月末能给上水，春、秋两季由于气温较低，池水较洁净，可每日换新水一次，而在夏季池水污染程度较大，为确保健康要日换水两次，如有条件利用流水最好。麝鼠有用水洗涤食物和向清水中排泄的习性，所以确保池水清洁是很重要的。

2. 温度

麝鼠对低温的适应性较强，严冬气温在-30℃时，小室内温度在-2~-1℃时，仍能安全越冬。个别有发生尾巴冻僵者，待温度逐渐回升时，还可逐渐恢复正常功能，不致发生冻伤或死亡现象。但麝鼠不耐炎热，对直射光和闷热缺乏耐受能力，夏季必须注意防暑，在圈舍盖上要增设覆盖物—树枝、草帘等予以遮阳。另外麝鼠畏光怕人，在配种期，圈舍和窝室上盖放些覆盖物或密封小室上盖，减少人为干扰是很重要的。为降低夏季的高温亦可采取经常更换池水，保持清凉，这对繁殖有利。

3. 食物

麝鼠的食性很广，家养情况下能被其采食和利用的植物类饲料很多，因此，在其饲养过程中，必须做到饲料多样化，可使麝鼠随意采食，保证营养需要。单一饲料对生长和繁殖不利。对有毒的饲料或霉烂变质的饲料要及时清除，以防中毒死亡。麝鼠有存贮食物的习性，采食量与投喂量之间有一定关系，投喂的多，采食相对亦多些。故青绿饲料应适量多投喂一些，以保证正常的采食量，但谷物精料不必投喂太多，以防消化不良或剩食部分腐烂浪费。

4. 圈舍

圈舍除符合麝鼠生活习性外，必须严密防逃。光线不要过于强烈。

第三节　麝鼠不同时期的饲养管理

一、准备配种期饲养管理

1. 饲料、水分供应

此期值冬春交接，麝鼠食量比冬季有较大幅度增加，因此，要增加饲料量，这一时期，生殖机能日益发育成熟，饲料要保证全价均衡，准备配种期一般要求公麝鼠体重在 1.0～1.2 千克，母鼠在 0.8～1.0 千克。因此，此期不必供给多精料混合料，一般喂 45 克左右即可。另外，每日每只应补喂维生素 A 50～100 国际单位，维生素 E 0.3～0.5 毫克。一般，此期日粮中除了按一般配方外，还要求加喂一些大麦芽、胡萝卜等，以保证维生素正常供给。

冬天温度低，一般多采取无水越冬管理，因此，早春来临，应及时尽早供水。根据各地气候条件，对室外饲养麝鼠，应及早向水池放水，一般在开始，可选择晴暖中午，将水灌入水池，供麝鼠游泳、饮用，到夜晚为防结冰可将水放出，第二天重新灌满水，待不再结冰时方可昼夜连续供水。

2. 机能恢复管理

（1）体况调整　准备配种期的一个重要任务就是调整麝鼠体况，使之在进入繁殖期以前，达到理想的繁殖体况标准。对于冬季脂肪囤积过多形成过肥体形的麝鼠，应进行降肥，即在饲料中，适当降低脂肪相对较高的饲料的比例，如玉米面等，同时，加大运动量，如通过驱赶方法使之经常到外室或运动场、游泳池运动，增强体质，降低体重，调整体形。另一方面，对于过瘦的麝鼠，则要进行复壮喂养，加强营养，促进体质增强和性器宫正常发育。

（2）情绪调整　进行种鼠情绪调整，是为配种期人工辅助配种作准备。主要是加强种鼠与人的接触，消除其对人的惊恐、畏惧。具体做法是在比较温暖的中午，将其驱赶至外室或运动场活动，同时人为制造一些响动，头几天较弱而后逐渐加强，并故意在笼舍周围经常走动，以加强接触。经过一段时期，就可以使麝鼠从越冬期间形成的那种好静、懒惰、不喜打扰、活性低、情绪抑郁的状态中挣脱出来，迅速进入与人和谐相处、情绪高涨的繁殖状态。

3. 种鼠的分窝与配对

上一年没有分窝而群居越冬的鼠群，此期已性成熟，要进行分窝和配对。对于越冬期因死亡或出售、外调等原因而变单的种鼠，也应在此期选好配偶，重新配对。

为了保证繁殖质量，在进行种鼠选择时，要注意淘汰那些过肥过瘦的麝鼠，并选择年龄在 5 ~ 10 月龄的育成鼠做种，此外在进行分窝配对时，尽量将不同母鼠生育的幼鼠育成鼠配对，以免近亲繁殖，降低显群遗传质量，影响群体发展。

非近亲配偶组合也很有学问。麝鼠性粗好斗，非同一家族或同室个体，碰到一起一般均要发生激烈咬斗，造成伤害，难以达到繁殖目的。为此，必须先进行适应性培养。先将年龄、体型、体重相近的两个个体，分别装在中间隔有铁丝网的长方形铁制网笼里，也可用串鼠笼装入一只，然后再放入另一大笼内，使它们可隔网嗅闻，看得见咬不着。只要经过几小时或1～2天的熟悉过程，当气味相投时，即可放在一起（图5-3）。这时，需注意观察，如两鼠相遇，互相亲热，或两相谦让，或同时进出，则说明组合配对成功。如仍存有敌意、咬斗，则尚未成功，应立即分开，重新寻求配对。

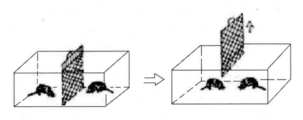

图5-3 配对的过程

4. 其他管理

此期还需根据养殖的数量和具体条件，做好其他配种准备工作，如配种期饲料计划，配种备选方案、配种计划，重新添置一些必备用品等。同时对窝室进行彻底的清理，搞好笼舍、垫草及饲料加工和用具的卫生，做好麝鼠防疫工作。

二、配种期饲养管理

1. 配种方法的选择与比较

（1）一公一母配种法 在繁殖季节里，将符合作种标准的公母鼠按1：1比例饲养在同一圈舍里，旨在交配繁殖。依据公母鼠同舍时间长短，此法又可细分为以下几种：

A. 传统配种法。将确定性别的公母鼠配对，然后放入同一圈舍饲养，直到繁殖季节结束。

这种方法简单易行，便于管理，公母鼠长时间（4 个月左右）同居一室，适于公母种鼠比例相近时采用。但是，比法有明显缺陷，即公母鼠交配使母鼠怀孕后，不再接受交配，但公鼠在整个繁育期都处于发情状态，其繁殖能力不能得到充分利用。在这种情况下，如果公母搭配失当或配种能力差甚至患先天性不育症等，就会导致母鼠一年空怀或公鼠一年丧失配种机会。应当引起注意的是，这种配种方法的确是我国驯养麝鼠成功以来一道普遍采用的方法。

B. 更换种鼠法。在繁殖季节开始时，选定一对公母配对，并在一段时期后视配种结果再重新放对配种。母最已分娩产仔或母鼠放对 30 天但仍不见妊娠表现，应取出公鼠，放入其他发情母鼠圈舍，但对使前一母鼠空怀的公鼠要先进行触摸睾丸、观察行为等性能力检查后方可继续放对。产仔母鼠仔鼠分窝，若再次发情，要另选一只公鼠与之配对，一直到繁殖季节结束。

这种方式与前述传统方式比较，公、母鼠同舍时间以及同父母的仔鼠胎数减少，但公母鼠的繁殖能力都得到了更充分的发挥。这种更换种鼠法在母鼠数量较多、同窝多日未见怀孕时更有意义。而且，此法对于小型养殖场、尤其胎产仔数较多，窝室面积较小时特别重要，因为在母鼠哺乳中取出公鼠，便于加强母、仔鼠饲养管理，增加活动范围，有利仔鼠成活。这是目前被认为最好的一种方法。

C. 临时配对法。公母鼠事先分群饲养，在繁殖季节，将母鼠一舍一只喂养发情旺期随时与备选公鼠配对，同舍回小时，多则 1~2 天后取出公鼠备用。

此法对于公鼠少，且种性好的情况下较为适用，可以提高优质公鼠利用率，使优良种性迅速繁殖。但缺陷也很明显，一是对母鼠的发情状况难以准确把握；二是时间太短，必须一次交配成功；二是捉放公鼠工作量太大。

（2）一公多母配种法　在繁殖季节里，一只种公鼠和数只母鼠始终同圈饲养，任其自由交配，直到繁殖季节结束。

此法简单，适用公少母多的饲养场及专业户。但由于群体大要求场地大、要有较大的繁殖圈舍。而且也往往发生因母鼠多而有的母鼠错过交配最佳时节而影响受孕的现象。这种方法不如一公一母配对好。

2. 饲料供应

从配种期起，麝鼠正式进入繁殖期。配种期性活动频繁，因而其食欲有所减退。但由于种鼠（尤其是公鼠）消耗很大，必须有全价营养补充。因此，这一时期，要喂优质适口性较强的饲料如新鲜可口的水草等，同时要补饲动物性饲料和维生素 B、维生素 E 等。例如，在这一时期，添喂骨粉、鱼粉、豆饼等精料，停喂干草等。优质精料补饲一般应在中午一次进行，这一方面是为了适时补足早晨、上午因交配消耗的能量，另一方面是为了有足够的时间进行消化、吸收。

3. 配种环境的保证

必须保证水池贮水丰满、干净。麝鼠的交配行为往往多在水中完成，所以保证水质、水量十分重要。水深宜在 18～20 厘米水位过深，交配时公鼠后肢踩不到水池底部，臀部抖动无力，达不到射精目的；水位过浅，麝鼠不适应，影响交配的顺利进行。水质必须干净、透明，不要有浑浊及污物。

麝鼠习惯于暗中交配，因此，必须保证周围环境的安静及光线的暗淡，以造成良好的配种交配气氛。在这一时期，最好用黑布遮盖圈舍门窗。如环境干扰，往往会使正在配种的种鼠双方受到惊吓，影响正常进行，引起发情紊乱，造成失配和空怀。

4. 其他管理

做好配种记录，并不断地把结束交配的母鼠放入妊娠母鼠群饲养，以增加剩余母鼠的交配机会。

三、妊娠期饲养管理

麝鼠妊娠期是指麝鼠从交配受孕到生仔这段时期，一般只有30天左右。

1. 妊娠的检查

这个步骤并非可有可无，它是判断母鼠是否受孕、是该进入妊娠期饲养管理还是应该重新配种的依据。一般在受孕10天后进行检查。

早期采用摸胎方法进行妊娠检查，方法简单易学。具体方法：用左手抓住已配种10天左右的母鼠尾巴，令鼠前爪抓住笼壁，右手呈"八"字形在母鼠腹壁上由腹股沟部向胸部方向轻轻摸索。如摸到花生米大小的、滑动且不易捉到的便是胚胎。有时也能摸到粪便。粪便与胚胎区别在于：胚胎呈圆形，质地柔软有弹性，光滑，位置比较固定，多数均匀分布于腹部后两侧；而粪便呈扁圆形，质地坚硬，稍粗糙，无弹性，分布很广。交配15天后的母鼠如摸到许多连在一起的小肉球，便知是受孕了。20天后再摸便可摸到成形的胚胎了。应注意的是，在抓鼠、摸鼠时动作要轻，不能大手大脚，以免造成流产。

有经验的饲养者，通过道观即可作出是否受孕的判断。一般地讲，受孕母鼠出窝次数减少，即使出窝也很少在外长时间停留，显得很谨慎。随着妊娠时日增加、母鼠腰腹部逐渐增大，并开始下垂。在妊娠后期，外观也很明显。此时，母鼠食欲旺盛，被毛光亮，常在室内休息，或将叼入窝中干草撕得细软辅成草窝，并不断用草将窝室堵严。这时，应人为将干草投入运动场，以帮助麝鼠修筑产巢。

2. 妊娠期的饲喂

确定麝鼠怀孕以后，即进入妊娠期饲养管理阶段。麝鼠一次多仔，胚胎发育极快，需大量营养。妊娠期喂养的关键是供应品质好的饲料，保持新鲜多样，保证蛋白质、维生素以及矿物质的质量和数量。如果不注意营养，则会引起流产、死胎或弱仔、影响繁殖。

3. 流产的防治

在妊娠期间，饲养管理的一个重要内容是保胎，防止流产。

由于饲料霉变、营养不全尤其是维生素 B、维生素 E 缺乏等均可能引起怀孕母鼠妊娠中断、吸收胚胎或流产，意外伤害及某些传染病等也是流产的引发原因。

一般地讲，流产有先兆。最明显的是妊娠鼠精神沉郁，喜卧于内室，并经常用舌头回舔阴部等。为防治流产，应供给怀孕母鼠新鲜、全价、恒定组成的饲料，防止惊动和机械损伤，保持安静。对于机械损伤性流产，只见鲜血而未见胎儿者，可肌肉注射黄体酮0.5毫升保胎。如果在妊娠过程中，妊鼠突然腹围变小，阴道排出发育不全的胎儿或流出红褐色块状物及污血，或排出油黑发亮的"粪便"，则表明已经流产，此时，应加强管理，防止出现败血症。为此，一般用5%葡萄糖加维生素 C 皮下注射15毫升，肌内注射抗生素如青霉素10万单位，还可注射催产素以排尽恶露。

4. 产前准备

在临产前5～10天，亦即妊娠后期，当母鼠在叼干草筑巢时，可配合对产房进行人工检查和布置，一方面清扫垃圾粪便，一方面加垫柔细草絮。在清扫窝室时，应将种鼠轻轻赶出窝室至运动场或水池，然后将窝室出入口封住，打扫完毕以后，铺好产巢，再打开出入口。一般地，垫草最好用柔软的杂草，这不仅能保温防湿，同时可使小仔鼠袍成一团，聚在较窄的环境里，便于母鼠哺乳、护理。一般要求一次性铺足干草，以免出现临产征兆时再忙做一团，影响产仔。

麝鼠野性难改，尤其是邻舍种鼠有好斗性格，为防止在产仔中处于毫无防犯能力的母鼠受到攻击，应及时对圈舍进行加固，补修漏洞，以保证有一安定的产仔环境。如果种鼠受到外界骚扰，会狂躁不安，有的母鼠甚至会将刚生下的仔鼠全窝吃掉或弃之不喂，活活将其饿死。因此，要保证其安全。

四、产仔哺乳期饲养管理

1. 麝鼠的产仔

在产前 1~2 天，公鼠一边向内室送母鼠絮产窝的草，一边用草把通向运动场的门堵严，进进出出十分兴奋地忙碌着，这意味着母鼠即将临产。

母鼠一般在窝室内草窝中产仔。当在窝外听到小鼠"咬咬"叫声时，才可认定母鼠已经产仔。一只母鼠一年可产 2~3 胎每胎相距 34~35 天。初产母鼠一胎 2~7 仔，经产母鼠每胎 7~11 仔，平均 6~9 仔，成活率可达 99%。

母鼠产仔后，一般一星期左右不出产窝，而公鼠十分繁忙，不断给母鼠饲料，用草堵门，在运动场和外室当警卫，一遇意外情况马上用自己身体将门护住保护母仔的安全。

2. 难产及人工助产

并非所有的产仔都十分顺利，难产是麝鼠产仔时应特别注意的。母鼠过肥、子宫收缩力弱、母鼠初产障碍、生殖器炎症、肿瘤、胎儿过大、异位、死胎等均可能造成难产，因此，当母鼠生产出现这些情况时，应采取适当措施。

当母鼠超过预产期不产，则难产可能性较大。当发现母鼠产仔时外阴部红肿，流出污血，并剧烈收缩有排泄动作，只是胎儿迟迟不出或胎儿刚露出阴门即卡在产道内不出，则出现了难产。

此时应采取措施，紧急注射催产素或脑垂体后叶素（肌注）0.3毫升，若20分钟内仍未产出则再注射1次；一昼夜仍未产出的，需进行人工助产。人工助产的一般步骤是：先用低浓度消毒水洗净产道外阴部，然后用甘油润滑阴值，随母鼠阵缩将胎儿拉出。必要时，也可进行剖腹取胎。

3. 母鼠的护理

产下仔鼠的当天到第3天，如有条件，可在清洁的池水中加放3%高锰酸钾水进行消毒，防止母鼠子宫发炎而不再产仔。方法上先用塑料壶配成溶液，将溶液灌入池中，这样就比较安全。若不采用消毒，坚持每天换两次净水也可以。溶液浓度过高，会损伤公母鼠的双眼，做到宁淡勿浓。仔鼠出生以后，母鼠即开始泌乳。由于可进行血配，所以，此时母鼠可同时进入产仔、泌乳、配种、妊娠期，负担很大。这个时期，母鼠的饲喂、护理十分重要。应注意以下几点。

A. 饲草要鲜嫩适口且多样化，但要防止其配比突然大幅度变化而引起不适。应以禾本科和豆科鲜草为主。

B. 饲草营养要全价，为了促进乳汁分泌，应供给足够数量的精料混合料和青绿饲料，平均每只每日分别喂50～70克和150～200克为宜，同时在日粮中增加一些动物食品和矿物质如鱼粉、骨肉粉、小杂鱼、河蚌、泥鳅、鳝鱼等以及松针粉、食用磷、食盐等都很有必要。同时注意补充维生素，如喂食大麦芽、胡萝卜等。

C. 讲究饮水卫生，多饮水，且池水要干净卫生。

D. 讲究圈舍卫生，通风、透气、遮阳，以预防疾病趁虚而入。

4. 仔鼠的护理及性别鉴定

麝鼠母性很强，泌乳能力也好，一般只要护理好母鼠，就不必对仔鼠进行过多的检查。但为了掌握母、仔鼠情况，也要进行适当的检查。检查仔鼠时必须安静，不能粗暴，应在母鼠偶尔出窝以后迅速进行，检查人员要带上专用的手套或用窝室垫草揉擦双手，勿使手上异味带到仔鼠身上，否则易出现母鼠移动窝巢、弃仔或咬死仔鼠现象。第一次检查可在产后 12~24 小时以后进行，健康的仔鼠很少嘶叫，叫声宏亮有力，在窝内抱成一团，发育均匀，浑身圆胖，身体温暖，拿在手中挣扎有力。当仔鼠无异常变化，以后可以不检查或少检查，一旦仔鼠嘶叫不停或越叫越弱，母鼠离开窝室不护理仔鼠时，就要随时检查，以便及时护理。

对仔鼠进行性别鉴定，对科研及生产都具有很大意义。对出生 1~13 日龄的仔鼠观察其胸部和腹部是否有明显乳头痕迹来初步判定性别，仔鼠中，有的胸部可见三对乳头痕迹，腹部有两对。乳头痕迹很明显，米粒般大小。1~3 龄的仔鼠，在粉红腹面上可见紫红色乳头痕迹，但并无突出来的感觉；4~5 日龄、乳头略突出于表面；6 日龄以后，腹毛已长出。乳头被覆，外观不见，只见绒毛包裹着的部位，即一小圆点，10~13 日龄盖了圆点、腹部的仍可见；14 日龄以后，则外观均不见。此为雌性。而另一部分出生后腹面平平，没有乳头痕迹，偶尔见不规则突生黑点。此为雄性。一般，仔鼠在 13 日龄内，用上述方法进行性别鉴定，准确率可达 97%~100%。待 25 日龄以后再根据外生殖器鉴定出来，最后确定。

5. 仔鼠的代养

代养，是指把一只母鼠所生的仔鼠放入另一母鼠窝内，让其代为哺乳。这是提高仔鼠成活率的主要措施，尤其对一窝产仔 8 个以上的，代养更为必要。仔鼠代养比较容易成功，但具体进行时，应注意以下几点：

A. 一窝仔鼠多于 8 个或少于 8 个但母鼠乳汁不足且仔鼠发育大小差异较大时，都应采取代养。

B. 选择代养母鼠时，应首先考虑母性强，乳汁足，本身仔鼠少，且产期仔鼠、大小与代养仔鼠相近的母鼠。

C. 在代养前，要首先将代养仔鼠身上搓揉上代养母鼠窝室的气味，一般用其窝草或粪便即可。

D. 夜间进行代养，一次成功率较高。若代养仔鼠短时间即被送出或被撕咬，则代养不成功，应重新选择代养母鼠。

E. 若几次代养不成，也可人工哺乳。

五、幼鼠育成期的饲养管理

仔鼠渐渐长大，采食量逐渐增多，母鼠乳汁浓度越大越稀泌乳量日益减少，这时，仔鼠应应断乳分窝，进入幼鼠育成期饲养管理阶段。

1. 仔鼠的断乳与分窝

根据麝鼠的行为发育规律，仔鼠 20 日龄即可出室，并到水池里游泳，逐渐具备了在保护性条件下的独立生活能力。因此一般在 30 天左右即可断奶，最迟在 40 日龄。断奶与分窝同时进行。为避免一次性完全分开对母、仔鼠情绪的不利影响，一般分期分批断奶分窝，这一过程多在产后 30 ~ 40 天内，仔鼠体重达 200 克左右时进行。一般先分出健壮体大的，后分出体小、体弱的。仔鼠分窝后可将多只放在一个圈舍里饲养，也可进行一公一母搭配饲养，如有条件也可单个喂养。基本原则是，每只要有足够的活动空间和饲料供应，对生长发育没有不良影响。

2. 幼鼠的饲喂

幼鼠育成期是指从断乳分窝到个体成鼠的一段时期。从群体来讲，时间一般在 6 月至 11 月间，即夏秋时节，从个体上讲也就是从 30 ~ 100 日龄。

幼鼠处于强烈的生长发育时期，骨骼、肌肉等都处于快速生长阶段，处于由接受母体赐给的被动免疫能力向自身获取主动免疫能力的过渡阶段，而且又是刚刚自身采食，因此必须正确饲养，精心护理，以求安全度过这个脆弱期。

幼鼠生长发育快，要求饲料必须有充足的水草、叶菜及块根、块茎类，在日粮中还必须有必要的谷物类、矿物质补给。针对麝鼠尤其幼鼠的零食习惯，应增投喂次数，少量多次，频繁喂食一般日喂 3 ~ 4 次，保证幼鼠能随时吃到新鲜、水嫩的饲料。随着日龄增加，饲料量也要增加，至 60 日龄以后，其食量已接近成熟麝鼠，每日投喂量即要求按成鼠在繁殖准备期标准进行配给即日粮总量每日每只 350 克左右，精料保持在 50 克左右。

值得注意的是，由于幼鼠消化能力差，抵抗力及免疫力尚处于形成及增强之中，所以，在饲草中少加干草，更不能喂变质饲料，以免引起肠道炎或其他疾病，导致死亡。

3. 幼鼠的护育

对于一公一母配对分窝或单独饲养的幼鼠一般要先有几天过渡期，即先行群养，以逐渐冲淡其离开母鼠照顾的孤独感，而后再行分窝。

对于集群圈养的幼鼠，一般每 10 ~ 15 只养在一起。由于数量多，加之这段时间天气较热，必须注意随时采取圈棚遮阳和防暑处理，以保顺利成活。针对幼鼠活动能力差、抵抗力弱、天气热等特点，在幼鼠育成期应注意：

A. 勤换水，勤扫圈，勤补食。保证良好的清洁卫生，充足的水源、食源。

B. 勤检查，多照看。经常检查水池的爬梯，帮助上不了岸的幼鼠爬上岸，以免淹死。经常注意预防疾病发生与传染。同时还要勤检查笼舍的设施有无不安全隐患，及时排除，以免触伤幼鼠。

C. 根据时令变化勤调整。夏季要通风、透气、遮阳，冬季早垫草以保温。

六、越冬期饲养管理

麝鼠的越冬管理，事实上就是恢复期管理。种鼠恢复期，是从秋季最后一胎仔鼠断乳分窝以后，到下一年的准备配种期开始这段时间，一般是从10月至翌年1月。

越冬期麝鼠活动少，采食量与其他几期相比明显较少，主要用于抵御严寒侵袭，产生热量。人工饲养条件下，越冬期的饲养管理主要围绕御寒、增热进行。

1. 御寒管理

冬天时麝鼠的正确管理十分重要。麝鼠适于在寒冷情况下生存，在简陋的室外露天圈舍中即可安全越冬。其御寒管理并不是要求把麝鼠放入室内，只要求进行必要的室外圈舍覆盖即可。事实上，在室外越冬比在仓库或厨房内为好，因为室内空气相对不流通，而且往往容易受烟熏、火烤，麝鼠反而会因不适应而患病。

圈舍覆盖要求四壁坚实不透，顶盖要用干草封严。寒冷时要在四周堆放一些干柴、干草，以防通风，有利于保温。

另一重要方面，要在窝室内铺垫干草，保证窝室内垫草充足、干燥、柔软。投放干草时，只要堆放在运动场靠近窝室门的地方勤快的麝鼠即会将其搬运进去并垫好。

2. 饲水管理

尽管麝鼠冬季消耗相对减少，饲料及供水要求不高，食量减饮欲降低，但是对饲料、饮水的种类及投喂方式的要求却与平常有一定差异，应该引起注意。

首先，应改变冬季供水。圈舍中的池水应该在冬季结冰以前全部放干，以防止麝鼠下到水池游玩时发生意外，如冻结等。同时，向放干水的水池中填上锯末或者干草，防止水池在寒冷季节被冻裂破坏，影响下一年度使用。与此同时，为了保证冬季麝鼠的饮水，应往圈中多投喂一些碎冰或洁雪，供其舔食或进行雪沿。饲料投喂时，应多喂含水多的青绿饲料，以利于麝鼠从食物中获取一定量的水分。

其次，冬季食物供应要讲究把营养、水分及御寒结合起来。除了上面谈到的多喂多汁饲料，如大白菜、圆白菜、胡萝卜、萝卜等以外，还应多投喂一些秋季采集存贮的青干草，但必须注意，千万不能投喂腐烂、变质的饲草，以免引起中毒。另外，冬天补充精饲料，增加营养，强化体能，以增强对外界恶劣环境的抵抗力，也很有必要。通常可每天喂食每只麝鼠 25～50 克左右的玉米面窝头。

这里，有一个技术问题值得注意，由于麝鼠贮食特性，所以在投喂草料时，不必每日投放，最好每 10 天或 15 天投喂一次，这样，麝鼠还可利用饲草挡风、御寒。

3. 其他管理技术

在冬季，由于麝鼠室外活动大为减少，因此，容易产生一些疾病，也容易发生相互予盾，这也是冬季管理中应加以特别注意的。

越冬期间，最容易发生麝鼠门齿过长的疾病，尽管此病不直接影响麝鼠生长、发育，但却因导致取食困难而发生饥饿，严重影响正常的生长、发育。因此，管理人员应经常注意观察鼠群如发现食欲不佳，逐渐消瘦的个体，应注意检查其门齿是否正常如果门齿过长，应及时用钳子钳断，并用挫磨得相对光滑。

冬季同族鼠往往集聚一窝，接触比平常大为增多，因此由于相互间的不协调发生互相骚扰、打斗、撕咬的机会也往往随之增多。此时，管理人员要注意对大家族鼠舍进行特别照料且发现大鼠配偶间，或幼鼠及育成鼠之间发生咬斗，即应及时分开，重新组织越冬小群，置于别的圈舍中。事实上，当发现家庭成员间互不协调，各自单独贮食时，则应该采取措施。

　　越冬期要尽量保持麝鼠有一定肥度，但日粮中也不要另外添加高蛋白和高脂肪的饲料，以免其生长过肥，影响翌年的繁殖生产。实践证明，过肥和过瘦都会影响麝鼠的繁殖。越冬后即配种前，雄麝鼠的最佳体重为 900～1 000 克，雌麝鼠的最佳体重为 700～900 克。

第六章　麝鼠疾病诊治

第一节　麝鼠场卫生防疫原则

在动物世界里，疫病的发生与流行是很普遍的，而且蔓延速度很快。在人工饲养条件下，必须坚决贯彻防重于治的原则，尽量减少发病机会，否则，麝鼠一旦患病，养殖户将遭受到不必要的损失。因此，卫生及防疫，即成为人工饲养麝鼠考虑的基本问题之一。

一、卫生

为消除外界致病因素对鼠群机体的危害，搞好圈舍卫生及周围环境卫生，严格饲料卫生管理，是麝鼠饲养场的首要任务。

（一）环境卫生

场地选择时，要避开"三废"污染，最大限度地保证不受工业污染的影响。

在饲养场里要保持环境卫生，经常清理垃圾、粪便及屠宰麝鼠等留下的污物废料，保证相对干燥、清洁的外部环境。

严防其他动物（如猫、犬、老鼠等）窜入场内，对病兽尸体要及时清除，切忌暴尸不管。

（二）笼舍卫生

在外部环境卫生的同时，认真搞好内部环境卫生及笼舍卫生，也是十分重要的。

1. 清理垃圾污物

麝鼠有藏食习惯，常常在小室内贮存一星期左右食物。这样，尤其在夏天，容易造成青饲腐烂变质，既污染环境，又直接影响吃食。因此，应该及时清除窝室内残存食料及粪便，保证麝鼠栖居窝室的卫生。一般对于窝室内粪便应严格清理，坚决杜绝粪便的长期存贮。

2. 注意垫草卫生

置于窝室内的垫草，是供麝鼠越冬御寒、产仔保温的温床。一般地讲，垫草务必干燥、柔韧，一旦发现垫草有潮湿、霉变腐烂的情况，应立即更换，不能勉强使用。而且还必须注意：在置放垫草时，不能用已经被其他动物或别的麝鼠用过的垫草，以避免随垫草传带病菌。

3. 除粪灭蝇

圈舍内外的粪便应注意经常清扫，并及时运出场外，进行灭蝇、防病处理。一般方法是混上生石灰挖坑深埋，有条件的也可以选择适当地方集中进行生物发酵。为确保安全，一般禁止其粪便等直接进入农田，尤其是有感染上病菌的麝鼠粪便混于其中时，更应注意这一点，因为排泄物中可能有大量病原微生物和寄生虫卵，而且其生命力及感染力都比较强，必须经过处理，方能消除或减少其继续危害的可能性。

（三）饲料卫生

饲料最容易成为疾病侵染的病原载体。一方面，病原可能以某些饲料为载体，通过麝鼠取食进入体内，感染疾病；另一方面，饲料本身的变质及其中某些成分，也可能导致麝鼠致病。

1. 防止饲料成为病原载体

首先，绝对禁止从疫区采购饲料这样可以避免疫区的大流行疾病通过饲料传入麝鼠养殖地。如伪狂犬病、炭疽病、巴氏杆菌病、布氏杆菌病等都是许多家畜及大多数毛皮动物共有疫病，互相感染可能性较大，所以务必谨慎小已。

其次，在疫病流行暴发期间，要注意进行饲料的预防性消毒以杀灭可能附着其上的流行病病原。

2. 严格进行饲料品质控制

首先，保证饲料新鲜。对变质饲料，一般不再投喂，如饲料很紧缺，也可经过无害处理以后再用。此外，大型的专业化饲养场，必须对自己的饲料仓库及冷库进行科学管理，注意通风、透气、灭鼠等。

其次，清除有害物质，防止食物中毒。对于许多混合性食物如在补饲期投喂少量的杂鱼、小虾等，必须注意挑出其中的毒鱼，还要洗净泥沙等杂质。

另外，在家庭喂养中，还有一点值得注意，那就是在青饲采集和投喂时，要防止农药中毒。切勿在刚喷过农药的地里采集野草、野菜、庄稼幼苗及蔬菜嫩叶等作饲料。

3. 切实保证饲料加工的卫生

饲料加工室要严格消毒，保持清洁，须严密、干燥、通风好，地面应为水泥面，要防止鼠类进入，不允许在饲料室内存放其他物品。一般每次加工前后，都得认真清洗，尤其不能留下死角，滋生病原。加工时，首先保证加工人员进行全身消毒，其次要保证选用原料的安全卫生，如选用上好的玉米、小麦加工面粉、麦麸，选择新鲜的小鱼、小虾及剩骨、碎肉加工鱼粉、骨肉粉等。

4. 对投食工具的卫生要严格把关

虽然对于麝鼠而言，除青饲以外，其主要补饲日粮也是植物性饲料，相对于动物性饲料来说不易传带疫病，但是保证喂食用具卫生仍很重要。因为这些用具与全饲养场的饲料都有接触，一旦带病，则后果不堪设想。尤其对于喂食添加剂的工具，由于添加剂油性大，易附着其上，造成微生物繁殖滋生，所以一般要求每次用完后立即彻底冲洗、刷净，并定期进行煮沸消毒。而在疫病发生期间，喂食工具更应每天消毒。

（四）供水卫生

水也会传播疾病，如肠道传染病和寄生虫病等，因此，做好供水卫生（也包括水池水卫生）工作，对防止麝鼠的疾病感染的重要意义。

这里包括饮水卫生及游泳池水的卫生。首先饮水要卫生、清洁，切忌让麝鼠饮用污水，因此，需经常换水。对于家庭简易笼养或无水越冬时，要经常调换饮用水盆里的水，以保持水的新鲜、清洁和卫生。

其次，活动用水要保持卫生。在标准圈舍饲养条件下，麝鼠饮用水与游泳水合二为一，这当然要求水池中水干净卫生。

但是，即使不饮用，也要保证其卫生。因为被污染的池水既可能传染疾病，也会影响麝鼠在水中的交配，降低繁殖能力因此，要求水池经常清洗，定期消毒，尤其防止霉菌和藻类的滋生。

二、防疫

一般地讲，防疫主要包括几个基本方面：消灭传染源，切断传染途径，控制蔓延范围。

（一）建立健全防疫制度

对于一个大型养殖场而言，这是至关重要的。要把防疫工作落到实处，就必须建立起完善的养殖场防疫制度，制定防疫年例，配备防疫手段，做到工作人员进出消毒，饲料、供水严格把关，种鼠检疫等，从制度上保证防疫质量。

（二）消灭传染源

这是防疫的头一道关卡，这一关把好了，以后防疫工作就会很顺利。

首先，加强对种鼠的检疫。对于大型养殖场来说，购进或野外捕捉的新的鼠种，都必须经过必要的检疫，确认其没有传带疫病，方可进入养殖场混群配对饲养。或者，先隔离饲养 10～15 天，确认无病后再正常配对。

其次，严禁麝鼠以外的动物尤其是家、野兽类进入养殖场或靠近其圈舍，更不能一起混养，以免兽类传带疾病。

最后，在养殖场各主要出入口，设消毒装置，对进出人员或物品进行消毒，以免带入病菌。

（三）切断传染途径

病菌、病毒无孔不入，可能可以各种方式进入养殖场，必须严格控制，堵住其传播通道，防止其传染成疫。

首先，对于感染疫病死亡的死鼠必须及时清除，一般采取焚烧，并对其圈舍进行严格消毒处理，以防止其残存病菌再次传染。

其次，对于养殖场用的各种工具，应分组分类，不串用，固定几个鼠群使用同一套工具，不随意调换，以利管理。

最后，经常进行场地消毒，用具消毒。常用的消毒药用氢氧化钠、石灰乳、漂白粉、来苏儿、新洁尔灭、甲醛、消毒净、百毒杀等。由于不同的病原体对不同的消毒药敏感度不同，因此，要根据具体情况和消毒药的应用范围去选择，同时，要准确掌握药物的剂量、浓度、作用及温度等，其使用方法通常有喷洒、撒布、浸泡和熏蒸法等。消毒液交叉使用可有效杀死病毒和细菌，消毒液可选用2%热烧碱水、20%漂白粉水对栏舍喷洒，也可以选用3%的来苏儿以及3%的福尔马林溶液；1%氢氧化钠溶液、0.1%新洁尔灭溶液、0.01%的苯扎溴铵溶液、0.1%洗必泰；2%加香甲酚皂溶液或0.1%消毒净；1/300菌毒敌溶液等进行消毒。如果发生传染病时，对栏舍有必要进行药液浸泡处理，彻底消毒，消毒液可任选一种，也可以用米醋熏蒸30分钟。对垫草、粪尿可采用焚烧和生物发酵消毒。铁丝笼等可用火焰喷灯消毒。注射器皿、小型用具、工作服等用煮沸消毒法。

（四）控制蔓延范围

最重要的是必须增强鼠群的抗疫能力，定期使用疫苗接种增强其特异性免疫力。同时，还必须经常性地进行预防性消毒灭菌，在疫病发生期间更应该严格进行。

三、疫病发生后的处理技术

尽管采取了有效的卫生防疫措施，但是对于易感疫病的麝鼠而言，仍有可能发生疫病，甚至是大暴发。因此，对于人工饲养麝鼠而言，必须掌握疫病发生后处理技术，以做到临阵不乱，有效控制疫情，把损失压低到最低限度。

（一）病鼠隔离

当发现疫病时，应立即将病鼠隔离处理，并对其相邻的有可能染病的麝鼠进行半隔离观察，同时进行诊治。另外，对于恶性疫病，进行病鼠急宰，控制继续蔓延。

（二）判断疫情

根据发病的时间、症状及规模大小，考察病鼠的食欲、排便等情况，初步判定疫病类型。检验饲料、供水的卫生防疫情况等确定疫病发生的缘起。最后综合分析各种情况，对疫情作出最终判定。

（三）消毒接种

疫病发生后，要迅速对养殖场地行严格消毒，并同时对鼠群紧急接种。

一般常采用物理和化学消毒法，包括清扫、日晒、干燥和高温处理、药物处理。对于密闭的砖式笼舍，多采用福尔马林熏蒸，每立方米的空间用30~40毫升福尔马林熏蒸40~50分钟即可。而对于养殖场则多进行药物消毒，用浓度为10%的高锰酸钾、来苏儿等水溶液，进行笼箱、用具、工作服及场地的消毒处理。

在消毒同时，对于未发病的麝鼠进行抢救性紧急接种，增强免疫力，减少其所受的威胁。

（四）尸体及粪便处理

一般对于患传染病的麝鼠在进行完诊治以后，必须淘汰或宰杀，其尸体必须进行化制、深埋、腐尸或焚烧，以壮绝再传染可能。解剖麝鼠必须在固定的室内或场外安全地点进行，解剖后应对污染的地面、用具等彻底消毒。

由于粪便中含大量的病原微生物及寄生虫的虫卵和幼虫，故在管理粗放、卫生不良的饲养场。常会发生饲料、饮水的污染，造成疾病流行。因此，将粪便及是清除并做无害处理，是非常必要的。一般多采用生物发酵方法处理，通过生物发酵产热，能杀死许多病原微生物和寄生虫及其虫卵。

四、中毒预防及发生后的急救

（一）麝鼠中毒的预防

麝鼠中毒病例屡见不鲜，应加以防患。"预防为主"是防治中毒发生的第一原则。因此，应做好下列工作。

首先，对中毒性疾病发生引起高度重视。饲养场工作人员及家庭笼养户主应经常性了解有关方面的情况，以免从思想上松懈导致恶果。

其次，大型饲养场应采取有关部门大协作，从各个环节进行综合防治，对有毒物进行严格管理，养殖专业户也应经常性进行检查、把关。

最后，进行饲料、饲草的无毒处理，切断最可能导致中毒的直接渠道，对变质的饲料饲草应坚决进行处理，不能勉强直接投喂，另外，对于野外采集的饲草，要特别注意切勿混采有毒植物。

（二）中毒发生后的快速诊断

麝鼠发生中毒，往往情况紧急，需要进行快速诊断，迅速确定中毒类型，以便对症下药，进行紧急处理。

因此，一般地讲，在急性中毒情况下，往往只能首先根据病史及临床症状作出判断，进行急救处理以后，然后才能进行解剖、动物试验等进行确诊，进一步处理。否则，会造成严重后果。

快速诊断必须掌握两个基本方面的情况，这便是病史和病症。

首先，要弄清楚麝鼠是否接触了有毒物，并对饲料和饮水进行检查，确定有无毒物存在。同时，对病鼠发病的过程、发病率、死亡率、饲养程序等进行分析。

其次，细心进行中毒诊断。不仅要考虑症状，而且还要考虑特殊症状出现的顺序及严重程度。毒物中毒所致的临床症状很多，但都有一些共同的症状，如腹痛、腹泻、呕吐、厌食、口渴、抑郁，运动失调、昏迷、痉挛、麻痹、尿血等，但不同的中毒则有不同的特点，要注意掌握和区分。

（三）中毒后的急救

麝鼠发生中毒，应及时进行紧急救治和处理。其急救一般分为3个步骤，在较短时间内完成。

1. 防止毒物继续被吸收

这是首先应采取的措施，即切断毒源，并清除已进入体内但尚未被吸收产生毒害作用的毒物。这就要求严格控制可疑毒源如撤去饲料、饮水，并进行环境的紧急消毒处理。同时灌喂催吐剂、洗胃药、吸附沉淀剂、盐类泻剂等，促使病鼠将胃肠中的残留毒物吐、泻出来，或沉淀凝固后随粪便排出。

2. 维持及对症治疗

切断毒源以后，要进行身体机能的维护治疗，防止病鼠机能衰竭而死亡。这种治疗主要包括采用各种有效药物，如强心针、镇定剂等，进行维持呼吸机能、维持体温、增强心脏机能、减轻疼痛、预防惊厥、调整体液等方面的治疗。这种治疗一般要维持到找到了特效解毒药或病鼠自身解除了危症状况时才可停止。

3. 特效解毒治疗

确定了中毒类型以后，找出针对此中毒症的特效解毒药物进行治疗。这是治疗中最有效、最理想的方法。

4. 中毒后的恢复

麝鼠中毒给急救脱离危险后，身体机能衰退，消耗很大、应精心护理，进行机能恢复。一般应从以下几方面加以注意。

①投喂新鲜可口的青饲料，并补食一定的精料。

②定期护理，如有异常，立即进行处理。

③切勿惊扰、打搅、保证其安静。

第二节 麝鼠疾病的诊断及治疗技术

一、捕捉与保定方法

对于野生麝鼠和驯化程度不高的麝鼠，当人（尤其是生人）接近时，即表现出惊慌不安，或者逃避，甚至会向人攻击。在捕捉时如无防备，则易被咬伤。在捉拿时，应悄悄接近麝鼠，避免惊扰，用手指抓住麝鼠的颈背皮肤或抓尾巴将其提起来，并做到轻拿轻放。如果要给麝鼠吃药或打针，最好采用特制的麝鼠保定铁夹（可用厨房火钳改制）夹住颈部。

二、麝鼠疾病诊断的基本方法

麝鼠疾病的诊断方法一般有问诊、视诊、触诊、嗅诊、听诊等几个方面。

1. 问诊

先向提供病鼠的养殖户了解麝鼠的来源和进入本场的时间、

饲喂食物的状况、栏舍卫生标准以及防疫消毒状况，病鼠患病前的精神状态、采食情况、喂养时间、患病时间以及鼠场病史，掌握第一手资料。

2. 视诊

通过观察病鼠的精神状态、呼吸快慢、采食情况、体质胖瘦、脸轮、姿态、皮毛、营养、发育及可视黏膜状况、粪便成色、尿液、四肢、生殖器官等，发现与自然健康麝鼠的异常情况。

3. 嗅诊

就是在问诊、视诊的基础上，利用嗅觉对病鼠作更深一步的确诊，对病鼠排出的粪便、尿液、分泌物以及体内渗出物等气味进行闻辨。麝鼠患病后散发出的味道与正常鼠是不同的，比如，从患病麝鼠身上闻到腥臭味，则可判断麝鼠肠道患有疾病；如闻到母鼠阴道分泌物有腐败味，多见子宫患有某种疾病。

4. 触诊

就是用手把患鼠全身或患病部位进行仔细触摸，发现和了解被检组织或器官的状态及实质，对患鼠体温、脉搏、湿度、硬度、弹性、反应性、形态及患病大小范围，病变位置等作出感觉判断。

5. 听诊

就是在相对安静的条件下用耳朵（或借助听诊器）直接听取患鼠呼吸系统、消化系统等组织脏器的活动声响，并根据这些声响来作出辅助的判断。

6. 现症检查

在视诊、触诊、叩诊、听诊的基础上，再作进一步的系统检查，如测定麝鼠的体温、脉搏、呼吸频率及检查皮肤、黏膜、淋巴结等；同时对各器官系统进行系统的检查。

7. 特殊检查

根据诊断条件和实际需要，可以选择相应的特定检查方法，如尸体剖检、X 光透视和组织病理学、血液与血清学、病原学等实验检查方法，以及肾探子插入法、导尿管插入法、穿刺法、心电图描计和超声波诊断等。

临床诊断方法并非固定不变，可根据具体情况选择重点进行，而且不能单纯以某一方面的检查结果就确立诊断结果。正确的诊断应该是通过对各个方面的检查结果进行综合分析后得出的。

三、麝鼠尸体剖检技术

将病死麝鼠尸体进行剖检，其目的意义体现在两个方面：一方面可以验证临床诊断和治疗的正确性，通过观察各种疾病时所表现的病理变化，结合临床症状对疾病作出初步诊断，有的可以确诊，也可通过病理变化进一步推断疾病的发生、发展和转归，从而检验治疗效果；另一方面，可以预防疫病的暴发，对麝鼠养殖场内的病、残、死麝鼠进行尸体剖检，可以及时发现麝鼠群存在的问题，采取防治措施，防止疫病的暴发和蔓延。这就要求正确地掌握和运用麝鼠尸体剖检方法，并在尸检过程中严格消毒，防止疾病传播。

麝鼠尸体剖检内容主要包括外部检查和内部检查等几个方面。

1. 外部检查

外部检查包括被毛是否有光泽，有无污染、蓬乱、脱毛等现象，肛门周围有无粪便沾污，有无脱肛和血便；营养状况和尸体变化；皮肤有无肿胀和外伤；关节及脚趾有无肿胀或其他异常；骨骼有无增粗和骨折；口腔和鼻腔有无分泌物及其性状，两眼分泌物的颜色，最后触摸腹部看其是否变软或有积液。

2. 内部检查

（1）皮下检查 将麝鼠尸体腹位，沿腹部纵行切开皮肤，然后向前、向后延伸，剪开颈、胸、腹部皮肤，剥离皮肤，暴露颈、胸、腹部和腿部肌肉，观察皮下脂肪含量，皮下血管状况，有无出血和水肿；观察胸肌的丰满程度、颜色，有无出血和坏死，检查食管里是否充盈食物。

（2）内脏检查 在后腹部，将麝鼠腹壁横向切开（或剪开），顺切口的两侧分别向前剪断胸肋骨，掀除胸骨，暴露胸腔。

注意观察各脏器的位置、颜色，浆膜的情况（是否光滑、有无渗出物及性状，血管分布状况），体腔内有无液体及其性状，各脏器之间有无粘连。

检查肝脏大小、颜色、质地，边缘是否钝，形状有无异常，表面有无出血点、出血斑、坏死点或大小不等的圆形坏死灶。然后在肝门处剪断血管，再剪断肝与心包囊、气囊之间的联系，取出肝脏，纵行（纵）切开肝脏，检查肝脏切面及血管情况。肝脏有无变性、坏死点及肿瘤结节。

检查胃和脾脏的大小、颜色、表面有无出血点和坏死点，有无肿瘤结节。剪断脾动脉取出脾脏，将其切开，检查淋巴滤泡及脾髓状况。

在心脏的后方剪断食道，向后牵拉腺胃，剪断肌胃与其背部的联系，再顺序地剪断肠道与肠系膜的联系，在肛前端剪断直肠，取出胃和肠道。检查肠系膜是否光滑，有无肿瘤结节；剪开胃壁，检查其内容物的性状，黏膜及腺乳头有无充血、出血和溃疡。胃壁是否增厚，有无肿瘤；从前向后，检查小肠、盲肠和直肠，观察各段有无充气和扩张，浆膜血管是否明显，浆膜上有无出血、肿瘤结节。然后沿肠系膜附着部剪开肠道，检查各段肠内容物的性状，黏膜有无出血和溃疡，肠壁是否增厚，肠壁上的淋巴集结和盲肠起始部的盲肠扁桃体是否肿胀，有无出血、坏死，盲肠腔中有无出血或土黄色干酪样的栓塞物，横向切开栓塞物，观察其断面情况。

纵行剪开心包囊。检查心包液的性状，心包膜是否增厚和混浊；观察心脏外形，纵轴和横轴的比例，心外膜是否光滑，有无出血、渗出物、尿酸盐沉积、结节和肿瘤。随后将进出心脏的动、静脉剪断，取出心脏，检查心肌有无出血和坏死点，剖开左右心室，注意观察心肌断面的颜色和质变，观察心内膜有无出血。

其他脏器的检查。从肋骨间挖出肺脏，检查肺的颜色和质度，有无出血、水肿、炎症、突变、坏死、结节和肿瘤，观察切面上支气管及肺泡囊的性状；检查肾脏的颜色、质变、有无出血和花斑状条纹，肾脏和输尿管有无尿酸盐沉积及其含量；检查睾丸的大小和颜色，观察有无出血、肿瘤和大小是否一致；检查卵巢发育情况，卵泡大小、颜色和形态，有无萎缩、坏死和出血，卵巢是否发生肿胀，剪开输卵管，检查黏膜情况，有无出血及渗出物。

（3）口腔及颈部器官的检查　在鼻孔上方横向剪断鼻腔，压挤两侧鼻孔，观察鼻腔分泌物及其性状。

剪开一侧口角，观察后鼻孔、腭裂及喉头、黏膜有无出血，有无伪膜、痘斑，有无分泌物堵塞。再剪开喉头、气管和食道，检查黏膜的情况。

（4）周围神经的检查　在脊柱的两侧，仔细地将肾脏剔除，露出腰间神经丛。

在大腿内侧，剥离内收肌，寻出坐骨神经。将尸体翻转，使背朝上，在肩胛和脊柱之间切开皮肤，找出臂神经。在脊柱的两侧找到迷走神经。对比观察上述两侧神经的粗细、横纹及色泽、光滑度。

（5）脑部检查　切开麝鼠颈部皮肤，剥离皮肤，露出颅骨，用剪刀在两侧的眼眶后缘之间剪断额骨，再从两侧剪开顶骨至枕骨大孔，掀去脑盖，暴露大脑、丘脑和小脑。观察脑膜有无充血、出血，脑组织是否软化等。

四、麝鼠疾病的治疗技术

对麝鼠疾病的治疗方法很多，凡是能使病麝鼠由病理状态转为正常状态的任何一种手段、措施和方法，都叫作治疗方法。一般常用的麝鼠养病治疗的基本方法有口服给药法、皮下注射法、肌内注射法、直肠灌注法和手术治疗法等。

1. 口服给药法

口服给药法是治疗麝鼠疾病最常用的一种方法，尤其适用于麝鼠的胃肠疾病。药物被麝鼠吸收后不仅对其全身务器官组织起作用，而且还可以直接在身体局部发挥作用。

当患病麝鼠尚有较好食欲，而且所服药物又没有特殊异味，为了节省捕捉上的麻烦，可以在喂前将药物制成粉末均匀地拌入适量的适口性强的饲料中，让其取食。特别是在大群投药时，要注意把药物与饲料混匀，防止采食不均，造成药物中毒，因此，为了防止麝鼠的药物中毒，最好对每头麝鼠单独喂给。为了增强投药效果，也可以在喂前让麝鼠先饿上一餐，再喂给拌有药物的食物。

如果麝鼠已经拒食，且药剂量又太多的情况下，那么可以采用胃管投药法。由于麝鼠体型较小，不能像家畜那样用胃管直接由鼻孔插入胃内投药。常以带孔木棒让麝鼠咬住，用胃管（人用导尿管）通过小孔由口腔经食道插入胃内（注意切勿插入气管）。另一端接上装好药液的注射器，即可将药液缓缓注入胃内。用过的胃导管洗净后，再用 0.1% 新洁尔火消毒。

2. 皮下注射法

对无刺激性的注射药液或需要快速吸收时以及疫苗、血清等，可采用皮下注射法。注射部位选择皮肤疏松、皮下组织丰富而又无大血管处为宜。常选择麝鼠的后腿内侧作为注射部位。注射时将注射部位局部除毛后，用酒精棉球消毒，用左手拇指和食指将皮肤捏起，使之生成皱襞，右手持注射器，迅速将针头刺激入凹窝中心的皮肤内，深约2厘米，放开皮肤，抽动活塞不见出血时，注入药液。注射完毕，拨出针头，立即用酒精棉球揉擦，使药液散开。

3. 肌内注射法

凡是不适宜于皮下注射，及有刺激性的药物（如水剂、乳剂、油剂青霉素等）均采用肌内注射法。由于肌肉内血管丰富，注射后药液吸收较快，而且感觉神经较皮下少，不会引起疼痛反应或疼痛反应较轻，所以，在麝鼠临床中最为常用。

麝鼠肌内注射的部位常选择大腿部肌肉。注射方法是将针头刺入肌肉内，抽拔活塞确认无回血后，注入药液。注射时不要将针头全刺入肌肉内，以免折断时不易取出。

4. 直肠灌注法

直肠灌注法是将药液通过麝鼠肛门直接注入直肠内的一种方法，该法常用于麝鼠的麻醉、补液和缓泻（治疗便秘）。大多应用人用导尿管，连接大的玻璃注射器作为灌肠用具。具体操作方法是：高举麝鼠的后躯，先将肛门及其周围用温肥皂水洗净，待肛门松弛时。将导尿管插入肛门，药液放入注射器内推入。以营养为目的时，灌注量不宜过大，而且药液温度应接近体温，否则容易排出。以下泻为目的，则剂量可适当加大。

5. 手术治疗法

临床上当诊疗疾病时，兽医人员常用外科手术刀、手术剪等切除病变组织或切开表层组织诊疗深部疾病，所以，切开、止血、缝合是兽医人员必须掌握的一种基本技术，通称为手术。

手术前必须进行全面的检查。判定是否能适应手术，然后保定动物，按手术需要施行全身或局部麻醉、术部进行机械清理，并对术部及所用器材严密消毒。然后根据麝鼠的病情施行组织切开、止血、缝合等手术。

组织切开术又分锐性切开法与钝性切开法。锐性切开法是用于术刀、手术剪等锐利的外科器械切开组织，并伴有出血的手术。普通外科手术刀适用于切开各种软部组织，而具有相当厚度的组织切断时则应用外科手术剪。钝性切开法是以非刃性的器具和手指、刀柄等对组织作裂断、捻断、绞断、烙断、结扎等钝性分离法，多与锐性分离并用，或有时单独使用。

在进行组织切开时，必然会损伤或切断其中分布的血管，发生各种情况的出血，故在麝鼠手术时必须迅速止血，以防止失血而影响麝鼠创伤愈合及手术的进行。根据出血种类、部位和性质不同可采用不同的止血方法。

麝鼠的病变组织或器官已切除，或体内异物及病变产物已取出，诊疗完毕后，所造成的创口。必须按组织层缝合，使创缘密切吻合，促使创伤早期愈合。不同组织器官采用不同的缝合方法，可根据具体情况选用，并在术后加强饲养和管理。

第三节　常见伤害及疾病治疗

一、意外伤害

根据对笼养麝鼠的观察，在一般的饲养条件下，发生意外伤害，导致麝鼠死亡的现象时有发生。其死亡率有的竟高达总死亡率的40%~50%，即有将近一半的麝鼠死亡是由意外伤害引起的。因此，认真了解麝鼠意外伤害的发生特点，有针对性地进行人为避免，同时及时诊断治疗，减少疾病死亡率，是麝鼠饲养管理的基本要求。

1. 咬斗伤害

这是一种最为普遍的非疾病致死原因。其发生时期多集中于 3 月末至 4 月初及 10 月末至 11 月初。

这两个时期，是麝鼠分窝配对的时候，尤其 3 ~ 4 月又正是麝鼠发情盛期，此期麝鼠性欲旺盛，精神亢奋，且性情十分暴躁、易怒，常出现互相撕咬、打斗的现象。尤其是公母配对不和，短时难以互相融洽，则极有可能才时间撕咬，造成伤害。另一方面，在选择种鼠放窝配对以后，尽管能够友好相处，但由于发情不同步，又难以协调起来，也容易发生撕咬情况。

另外，有些历史较长的养殖场，由于圈舍建设质量不过关，加之时间过长，砖舍结构的饲养笼、圈发生风化、破损，还可能发生舍间麝鼠越舍、串笼，引起咬架，造成两败俱伤。

防治撕咬伤害，应从伤害发生前，发生时及发生后几个环节来考虑。

（1）伤害发生前

A. 在选种配对时，要尽量选择出生季节相同、鼠龄相近、体形相似的公母鼠配对。

B. 配对后几日内，要注意观察，待融洽相处以后，才能完全确定此组合有效。如发现有互相敌视、躲避的现象，应立即分开重新配对，直至合适为止。

C. 注意经常检修圈舍，防治因设备不完善造成串笼咬架。年代久远的老养殖场更应注意这一点。

D. 在麝鼠发情期，尽量保持环境安静，也不要去人为招惹，避免刺激其烦躁暴烈的性情。

（2）伤害发生时

A. 麝鼠相互撕咬时，应及时用强力将其分开，如用棍棒驱赶，用档板阻隔等，并分别放进两个笼舍中隔离。

B. 最好能将被隔离的咬斗麝鼠与整个鼠群暂时分开，以免让刚刚结束咬斗的麝鼠的激奋情绪感染鼠群、引起新的撕咬、斗殴。

（3）伤害发生后

A. 对被咬伤的麝鼠进行隔离，并进行药物治疗、清洗伤口、敷药、包扎。

B. 对经过治疗的麝鼠进行护理观察，以便及时有效地进行后续处理。

C. 对因撕咬而死亡的麝鼠及时清除处理，同时详细记录死亡原因、时间及处理经过、以备查用。

D. 清洗净因打斗而在圈舍里留下的血迹等，以免这些血渍刺激麝鼠再次斗殴。

2. 设施伤害

这类伤害主要是指由于饲养场的设施，包括场地环境、笼舍、水池等本身的问题，造成对麝鼠的伤害。

比较常见的设施伤害是由于设施质量问题造成对麝鼠皮被损伤，这种损伤尽管一般不造成死亡，但对毛皮质量的影响却是致命的。如木质圈舍围栏、立柱加工不光滑、棱角明显，或窝室开门过小等，造成麝鼠蹭坏皮被。又如笼舍上铁钉没有完全打入，有铁头露出，划伤挂破皮被等。还有因圈舍设计不合理，造成麝鼠活动时碰伤、扭伤、或水池台阶过高而爬不上岸而淹死等意外伤害。

防止这种伤害，首先必须在饲料场建设时，即按照一定的合理规格建造、布置，不可随意凑合。其次在伤害发生后，要及时治疗、处理，并弄清事故原因后进行必要的设施维修或更换，以避免同类伤害事故以后再次发生。

3. 管理伤害

我们把在饲养过程中，由于管理人员的失职造成的麝鼠意外伤害，称为管理伤害。

比较典型的有两种：一是因管理人员疏忽，在 10 月末或 11 月初进入冬天以后，没有及时将水池里水放净，致使麝鼠水游泳，被结冰冻住而淹死；二是麝鼠群遭来自外界的大型食肉动物，如狼、豹、虎等以及食肉猛禽如鹰、雕等袭击而遭到伤害，这种情况在大型养殖场或一般户外养殖圈舍里均可能发生。

其防治办法除加强对管理人员进行正规培训，增加其有关知识、技能外，还必须有相应的设施保障，如设计出灌排水都很方便的水池，建设难以遭受外界野生动物袭击的养殖场，并有相应的外敌防范手段等。

二、巴氏杆菌病

麝鼠的巴氏杆菌病是由多杀性巴氏杆菌引起的一种以败血症及内脏器官出血性炎症为特征的急性传染病，同时并发皮下组织、肌肉、关节及脑膜充血、出血等局灶性炎症。这种病分布很广泛在世界各地均有发生。

1. 流行病学

巴氏杆菌病的病原体为多杀性巴氏杆菌，革兰氏染色阴性，形状为粗短球杆状，两端钝圆，大小为长 1~2 微米，宽为 0.3~0.5 微米。此菌抵抗力不强，在干燥空气中 2~3 天死亡，60℃加热 10 分钟即可杀死。另外，用 3% 的石碳酸及 0.1% 升汞，10% 石灰乳均可在 3~5 分钟杀灭此菌。

麝鼠对巴氏杆菌易感，尤其产后 20~30 日龄左右的仔鼠更容易感染此菌而导致发病，其致病死亡率可达 90% 以上。一般认为，当麝鼠饲养在不良环境中，由于寒冷、闷热、气候剧变、潮湿拥挤、过度疲劳等多种原因，致使鼠群抵抗力减弱。此时，病菌趁机侵入体内，即可经淋巴液而进入血流，发生内源性传染。同时，病鼠通过排泄、分泌或咳嗽等排出病菌，污染相关的饲料、饮水、空气、公共用具等，经消化值、呼吸道而传染整个鼠群。当然，这种病菌也可通过吸血昆虫的媒体作用以叮咬及外伤形式感染。

本病发生虽无明显季节性，但对麝鼠而言，在 1 月、8 月和 11 月为常见，一般以散发为主，很少群体暴发流行。

2. 临床症状

麝鼠往往表现为突然发病，精神委顿，食欲急剧减退，及至最后毫无食欲。在食欲尚未废绝之前，就出现嗜眠、步态蹒跚、流泪、流涎或鼻漏，体温升至 39.5 ~ 40.5℃。发病期间，病鼠喜卧于窝室，并发饮欲剧增，常去水池饮水。严重的出现便血，粪便呈暗红色，并常在内室死亡。病程一般为 1 ~ 2 天。

3. 病理变化

本病的主要特征是内脏实质器官、浆膜、黏膜充血和出血。肺水肿，肝呈暗红色并有肿大，有坏死病灶，气管充血、出血，有泡沫液。腹腔内有黄色液体。

4. 实验室诊断

通过对以上流行病学、临床症状及病理变化的综合，只能初步诊断为巴氏杆菌病，但要确诊，必须取决于微生物学诊断，只有这样，才有足够可靠的依据去对症下药，迅速取得治疗效果。

A. 染色镜检；取病料的内脏及心血进行涂片染色镜检、可看到革兰氏染色阴性、美蓝染色两极浓染的杆球菌。

B. 细菌培养及接种；取病料，接种于普通琼脂斜面，进行培养，37℃培养 24 小时取菌落镜检，如与前述结果一致，即可初步确诊。再取此培养物进行小白鼠腹腔接种，0.5 毫升能致死 10 ~ 15 克大的小白鼠，再取死亡白鼠内脏涂片镜检，与前述结果一致，则可确诊。

5. 防治措施

此病虽然发病急，死亡率高，但只要及时采取综合得当的防治措施，一般不难控制。

当发病后，应立即隔离封锁传染源及切断感染途径，并用药物进行全群性治疗。

青霉素肌注，每日 2～3 次，每次 10 万～15 万单位，疗程为 3 天。

复方新诺明，内服每日 2～3 次，第一次为 0.25～0.5 克，以后每次 0.15～0.3 克，每 4 天为一疗程。

此外，内服奎乙醇、增效磺胺类制剂等也都有效。

值得注意的是，经治疗后病情明显好转或基本稳定时，应继续换药，巩固一个疗程。以免复发，并同时提高饲料标准，以便恢复和增强机体抵抗力。

在预防方面可接种疫苗。用巴氏杆菌弱毒双型菌苗，皮下注射 1 毫升，免疫期可达 6 个月。还应加强兽医卫生和饲养管理，做好圈舍的清洁卫生，尤其在巴氏杆菌病流行季节，更要注意圈舍和食具的卫生及饲料和饮水的清洁。

三、大肠杆菌病

麝鼠的大肠杆菌是由大肠杆菌引起的一种以肺脏和盲肠严重出血为主要特征的传染病。

1. 流行病学

其病原体为大肠杆菌，革兰氏染色阴性，卵圆形杆菌，有鞭毛，少有荚膜。本菌对外界变化的抵抗力较差，一般消毒药品在几分钟之内即可杀死之，加热 6℃ 只需 15 分钟即可杀死病菌。所以，这种病只要诊断及时、准确，相对而言比较客易控制和治疗。

大肠杆菌病一年四季均可发生，一般春秋两季发生较多，不同年龄的麝鼠均能感染本病，但以正在哺乳期成年鼠（公鼠和母鼠）更易发病，死亡率较高。因为大肠杆菌存在于正常麝鼠的肠道内，一般情况下不发生，但在饲养管理不当、气候环境突变以及饮料方式突变，加上其他疾病，如球虫病等协同作用导致肠道菌群紊乱，促使大肠杆菌骤然繁殖，超过病理极限，引起内源性自发感染致病。

2. 临床症状

本病具有潜伏期，其潜伏期长短随鼠群抵抗力差异、大肠杆菌毒力差异等变动范围很大。一般在 5 天左右。由于不同鼠龄的麝鼠，抵抗力差异明显，所以其临床表现也很不一样。

新生仔鼠患病，表现出烦躁不安，先尖声叫唤，难以安静下来，后萎靡不振，精神颓废。发病期间常拉稀，并伴有血液、气泡产生。

日龄较大的育成鼠及成鼠患病，则表现为精神沉郁，体温升高，鼻镜干燥，饮水增多，拒食，病初粪便稀软，有时混有伪膜，后期粪便常带血。发病几日后，即出现四肢无力，行走摇摆，并发生惊厥、痉挛而死亡。

妊娠母鼠患病，其表现与一般成鼠大同小异，伴随食欲减退，并可能发生大批流产、死胎，影响繁殖。

麝鼠大肠杆菌病，由于有较长潜伏期，不易早期发现，因此，等到其流行起来，已蔓延开去，至暴发势头，难以控制，常呈毁灭性疾病，其患病死亡率可高达90%。

3. 病理变化

幼鼠患病后，一般表现为营养不良、发育落后，其躯体较同龄麝鼠要瘦小一些。对于所有病鼠，剖开腹腔，均可见肠道内有少量气体和黄绿、灰色黏液，黏膜充血，肠系淋巴肿大；肝颜色土黄，有血点；心脏淡红，心内膜有出血点或出血条；肺色调变异，有水肿区出现。另外，一个很特别的变化是发生关节水肿，胸腔有渗出物。

4. 实验室诊断

A. 镜检：取未经抗生类药物治疗过的病料，取心血染色镜检，出现革兰氏阴性中等大肠杆菌，以美蓝染色，可见多数细菌呈端染。

B. 培养及动物试验：取病料培养。37℃培养24小时以后在普通琼脂培养基上及肉汤培养液中即见直径为2~3毫米的无色半透明状菌落，菌落呈圆形，中间隆起，且光滑、湿润。取菌液染色镜检，与前面道接取病料镜检结果一致。取肉汤培养物0.1~0.5毫升进行小白鼠（选择15克左右的）腹腔接种，如感染后死亡，则证明菌落有毒力。取死亡小白鼠切片染色镜检，只要与前两次结果一样，即可确诊。如有条件，当然再进行有关生化鉴定会更加明确。

5. 防治措施

平时加强饲养管理，搞好栏舍卫生，定期给麝鼠及栏舍进行消毒，不随意改变饲料及饲喂方式，以免引起肠道菌群紊乱。同时夜间不长途运输，减少应激反应因素。注意哺乳母鼠乳房的清洁卫生，定期用0.1%的高锰酸钾溶液清洗奶头，以防母鼠患乳房炎而引起仔鼠患病。

大肠杆菌易产生耐药性，应选择最敏感的药物进行治疗，对初发病的患鼠首先隔离，对栏舍进行彻底消毒。一经发现即给大群麝鼠连续喂一周喹乙醇片，每只每天4毫克。在大群发病时，应及时进行全群投药。投药时只需将一定量的药物均匀混入饲料中即可。

除此以外，还可选用庆大霉素、卡那霉素、复方新诺明、复方磷霉素钙等进行治疗。剂量可参考如下。

庆大霉素：肌内注射，每日2次，每次0.5万~1.0万单位，每疗程为4天。

链霉素：肌内注射，每日2次，每次10~15毫克，连续注射3~4天；

卡那霉素：肌内注射，每日2~3次，每次12.5万~25.0

万单位，疗程为 3 天。

复方新诺明：口服或拌入饲料中喂服，每日 2~3 次，每次 0.1~0.25 克，疗程为 3 天。

复方磷霉素钙：服法、剂量、疗程均同上。

同时，还应注意，在治疗期间，应配合注射 5%~10% 的葡萄糖加维生素 C，防止脱水，保护肠黏膜。

四、沙门氏菌病

沙门氏菌病是麝鼠常发生的一种肠道传染病，又称副伤寒。是由沙门氏杆菌感染引起的，以发热，急剧下痢及败血症经过为主要特征，还常引起母鼠流产。

1. 流行病学

其病原体为沙门氏杆菌、革兰氏染色阴性。菌体有鞭毛，能运动，本菌对干燥、腐败、白光具有一定抵抗力，在外界可生存数周或数月。用 5% 石炭酸、0.2% 汞 5 分钟即可杀死沙门氏菌。沙门氏菌对氯霉素、金霉素极敏感，具不产生耐药性，因而临床上较常用氯霉素和金霉素。

本病主要从消化道感染，因此，被污染的饲料及饮水是麝鼠感染的主要来源，且仔鼠及妊鼠、母鼠易受害。母鼠感病导致流产或产后 1~10 天仔鼠大量死亡。一般该病发生规律性明显，麝鼠多在 7 月底 8 月初及 10 月份发病。并常呈地方性流行。

2. 临床症状

麝鼠感染此病多为急性型，亦即败血型，引起急性死亡。表现为体温骤然升高至 41~42℃，精神萎靡不振，不爱活动，被毛蓬乱、拒食。后期有的患鼠后肢麻痹。慢性经过的症状较缓和。病程可以延续到几周或几个月。

3. 病理变化

剖检发现，胃肠黏膜水肿、发炎并有出血点，常可见到溃疡，小肠有大小不同的出血点、肝脏肿大、充血、呈灰白色坏死斑。脾脏四周充血，被膜下有坏死斑。肾脏充血严重，被膜下有多处出血点。肺脏呈卡他性支气管炎。骨髓和脑膜出血。

4. 实验室诊断

A. 染色镜检　以死亡病鼠脏器或流产胎儿的肝脾涂片、染色可见革兰氏阴性大杆菌。

B. 培养　将上述病料进行取样接种于琼脂斜面上培养，将其与已知沙门氏菌阳性血清做凝聚反应，即可初步确诊。为进一步最终定论，将24小时培养物取0.1～0.3毫升上，腹腔接种8～15克的小白鼠，若在18小时左右可致死，则证明沙门氏杆菌是具有毒力的。

5. 防治措施

发现疫情以后，要进行一系列紧急处理。首先要查明病因如果为饲料、饮水所引起，应立即调换、消毒，如果是饲养管理失调导致机体机能下阵引起内源感染，则应立即改进管理方式。与此同时，采取药物治疗。一般选用庆大霉素、复方新诺明、复方磷霉素钙等。剂量可参考如下。

庆大霉素也是肌注药物，每日3次，每次0.25万～0.5万单位，每4天为一疗程。

复方新诺明，混入饲料中内服，每日2次，每次100毫克，每3天为一疗程。

其他药物，如新霉素、左旋霉素等也可对此病有一定疗效。

预防此病的首要问题就是严格检查饲草，防止饲草污染，而且在平时要注意提高鼠群营养水平，对应激因素有预防措施。目前，尚无合适的接种疫苗可以预防此病。

五、克雷伯氏菌病

麝鼠克雷伯氏菌病又称麝鼠多发性脓肿，是由肺炎克雷伯氏菌引起的以脓肿蜂窝组织炎、麻痹和脓毒败血症为主要特征并呈散发性或地方性流行的慢性传染病。麝鼠克雷伯氏菌病，又称麝鼠多发性脓肿，是由肺炎克雷伯氏菌引起的一种慢性传染病，常呈散发或地方性流行。

1. 流行病学

病原体为克雷伯氏菌，属革兰氏染色阳性杆菌，无运动性，能形成荚膜，在动物体内形成菌血症。克雷伯氏菌对 0.2% 氯亚明具有较高的敏感性。在 0.2% 石炭酸中需 2 小时才失去活力。对链霉素、卡那霉素均敏感。肺炎克雷伯氏菌广泛分布于土壤以及人和动物的呼吸道、消化道中，为条件致病菌，该菌的传染方式尚不清楚，其发病率和死亡率均较高，病死率可达100%，多发生在夏秋季节，幼鼠尤其易发。

2. 临床症状

该病一般呈慢性经过，初期在躯体发生局限性圆形或卵圆形脓肿。其脓肿部位多发生在后肢、尾部和颌下，前肢、背部和鼻端也偶有发生。有的脓肿破溃，流出黏稠的灰白色脓汁，其味腥臭。发病中、后期食欲减退乃至废绝。患鼠逐渐消瘦，幼鼠毛色改变的时间后延，有的后肢麻痹、步态不稳、精神沉郁、呼吸困难，卧在窝内不能站立，甚至死亡。

3. 病理剖检

尸体消瘦，多呈全身性多发性脓肿，脓肿一般从黄豆粒大到鹌鹑卵大，有的指压有波动感，有的则较坚实。切开脓肿观察，中间为灰白色黏稠脓汁，挤压时脓汁可带有血液，为结缔组织包围，个别的自然破溃，流出灰白色污秽的脓汁，实质性器有明显变化，肝肿大，有出血点，有的有脓肿，脾脏肿大，边缘坏死，肾脏被膜易剥离，有出血点。

4. 实验室诊断

A. 镜检：以无菌方式抽取病鼠未破脓肿的脓汁或内脏等涂

片革兰氏染色，有大量成双排列的短粗卵圆形杆菌，用美兰氏染色则发现菌体有明显肥厚的荚膜，其厚度大大超过菌体本身宽度。

B. 培养与动物试验：接种病料于肉汤及琼脂培养基上，37℃培养24～72小时，均出现菌落，取样镜检与前述结果一致，可初步确诊。进一步进行小白鼠致死试验，5天后若发生陆续死亡，死亡症状与自然染病死一致，则说明此菌仍具很强感染力及致死力，即可最后确诊。

5. 防治措施

本病应局部治疗与全身治疗同时进行。

局部疗法。将患鼠脓肿切开排脓，用3%双氧水及1%雷佛奴耳清洗，然后涂以3%碘酊，最后撒布消炎粉，尾部与后肢可用绷带包扎。如此每天排脓清洗一次，但注意不要让患鼠进入水池。

目前，尚无有效的肺炎克雷伯氏菌苗可供预防接种，故应严格兽医卫生制度，加强圈舍的清扫和消毒，注意防止饲料污染，保持池水的卫生，防止外伤，引种时严格检疫等。这些防范措施对预防克雷伯氏菌病的发生是至关重要的。

六、土拉杆菌病

土拉菌病是由土拉弗朗西斯菌引起的一种由扁虱或苍蝇传播的啮齿动物的急性传染病，亦称野兔热。临床上以体温升高、淋巴结肿大、脾和其他内脏坏死为特征。

1. 流行病学

土拉弗朗西氏杆菌是弗朗西氏菌属的细菌，革兰氏染色阴性，美蓝染色呈两极着色，是一种多形态的小球杆菌，在体内形成荚膜，人工培养时则不形成，不产生芽胞，无运动性。本菌为需氧菌，在自然界的生活能力较强，能在水、土壤、肉尸中生长几十天。土拉杆菌对消毒剂和热较敏感，用3%来苏儿液2分钟或用75%酒精1分钟或日光直射30分钟或在温度56℃环境下30分钟，则可将其杀死。此外，土拉杆菌对链霉素和四环素也很敏感。野兔和其他野生啮齿动物是土拉杆菌病的主要传染源，患病和带菌麝鼠亦是土拉杆菌病的传染源。传染源体内的细菌通过排泄物污染饮水、饲料和垫草，可以把活病传给健康麝鼠。吸血昆虫在本病的传播上具有重要作用，主要是通过吸血昆虫叮咬皮肤来传播，也可经消化道、呼吸道传播。土拉杆菌病多发于夏、秋两季。而由呼吸道感染的，则多见天初冬和春季，秋季较少见。

2. 临床症状

土拉杆菌病的潜伏期为1~9天，但大多数为2~3天，麝鼠发病时主要表现为体温升高、衰弱、麻痹和淋巴肿大，并引发结膜炎、鼻炎，有时病鼠会出现咳嗽、流脓性鼻汁、下痢和爪肿。麝鼠患土拉杆菌病死亡迅速，死亡率达90%。

3. 病理剖检

土拉杆菌病急性型表现为改血症变化。亚急性型和慢性型主要表现为营养不良、贫血、皮下胶样浸润，在皮肤侵入部位发生坏死和溃疡。特征变化是干酪样淋巴结炎和内脏器官干酪样坏死灶。

4. 实验室诊断

根据土拉杆菌病的流行特点、临床症状以及剖检变化中的干酪样坏死性淋巴结炎等，可做出初步诊断。确诊需实验室检查。

（1）涂片镜检 取病料涂片，革兰氏染色为多形态革兰氏阴性小球杆菌。美蓝染色，可见到多形态，两极着色小球杆菌。

（2）动物试验 将病料接种在小白鼠和豚鼠身上，小白鼠和豚鼠接种后 2 ~ 15 天死亡。动物常呈特征性变化，并能分离出土拉杆菌。

5. 防治措施

感染过土拉杆菌的麝鼠常可获得永久免疫力。冻干的土拉杆菌活菌苗，具有良好的免疫效果，采用皮肤划痕法接种，免疫期为 5 ~ 7 年。近年来还在研究对土拉杆菌病的口服和气雾免疫。土拉杆菌病的治疗方法是，在发病的早期应用抗菌素，如土霉素、金霉素等。在土拉杆菌病流行地区，平时应当以驱除和消灭野生啮齿动物和吸血昆虫为主，要经常对环境和用具进行消毒，注意饲料和饮水卫生。

七、链球菌病

链球菌病是由于感染致病性链球菌引起的传染病。其特征为各种组织、器官的炎症和化脓性炎症。常呈败血症经过。

1. 流行病学

链球菌为链球菌科、链球菌属。革兰氏染色阳性，无芽胞，某些菌株有荚膜。链球菌为需氧或兼性厌氧菌。链球菌抵抗力不强，对干燥、湿热均较敏感，在温度为 60℃ 的环境下，30 分钟即被杀死。对青霉素、金霉素、红霉素和磺胺类药物也敏感。带菌或患病麝鼠是主要传染源。此病一年四季均有发生，天气变化是主要诱发的因素，所以在春秋两季发病率比较高，病菌随着分泌物和排泄物污染饲料、用具及栏舍内环境而传染，当饲养管理不善、受寒感冒、长途运输、惊慌等应激因素导致机体抵抗能力下降可诱发本病。

2. 临床症状

患鼠初期表现体温升高，少食，只啃一点点粗饲料，精神不振，后期则运动迟缓，下痢严重，眼有白色浆液，如果不及时治疗一般呈脓毒败血症死亡。

3. 病理剖检

呈败血症变化，可见到内脏血管有静脉淤血现象，实质脏器严重充血并有许多出血点。胃肠有卡他性炎症。肝充血肿大，个别有粟粒大坏死灶。脾肿大并有坏死现象。

4. 实验室诊断

采集病料直接涂片，当在病料涂片中发现排列成链状的革兰氏阳性球菌时，即可初步诊断。

5. 防治措施

对鼠场一定要加强管理，防止受寒感冒，尽量减少应激因素，定时消毒，每月定期投喂磺胺类药物进行预防。有条件的养殖场可自制链球菌氢氧化铝灭活菌苗进行接种，可以有效预防本病。

由于本病多为急性败血症症状，死亡率很高，一经发现可采用青霉素、红霉素、先锋霉素和磺胺嘧啶钠进行治疗，具体用量如下：

青霉素：肌内注射，每只成年鼠用 5 万 ~ 12 万单位，每天 2次，连用 4 天为一个疗程。

红霉素：肌内注射，每只成年鼠用 30 ~ 80 毫克，每天 2 次，连用 4 天。

先锋霉素：肌内注射，每只成年鼠 10 ~ 15 毫克，每天 2 次，连用 3 天。

磺胺嘧啶钠：肌内注射，每只成年鼠 0.3 ~ 0.5 毫升进行，每天 2 次，连用 4 天。

如发生脓肿，应切开患处排出脓液，然后用 2% 的洗必泰溶液冲洗，再涂上碘酒或灭菌结晶磺胺粉。

八、泰泽氏病

泰泽氏病是由毛样芽胞杆菌引起麝鼠严重下痢或排水样粪

便、黏液样粪便、脱水并迅速死亡为特征的一种传染病。

1. 流行病学

毛样芽胞杆菌为多形态的细菌，姬姆萨染色着色力强，细菌染成蓝紫色。毛发状芽胞杆菌对氨苄青霉素、四环素及土霉素敏感。断乳后的幼龄麝鼠多易患泰泽氏病，成龄麝鼠发病率低，主要是通过污染的饲料和饮水传播。初春及秋末流行。

2. 临床症状

本病暴发很快，患鼠软弱无力，无精打采，迅速消瘦，然后严重腹泻，排出的粪便呈褐色、水样或褐色油状，少食或者只吃一点，眼球下陷，迅速脱水，一般在发病 2~3 天死亡，严重威胁麝鼠养殖的健康发展。

3. 病理剖检

剖检发现盲肠、结肠、回肠等肠黏膜萎缩性坏死，浆膜面充血，并有纤维素渗出。病变边缘细胞内有毛样芽孢杆菌，心肌有局部坏死灶，脾萎缩，肝肿大，外表一般能见脱水死亡的尸体有粪便污染的痕迹。

4. 防治措施

定期消毒，保持栏舍卫生清洁、通风良好，禁止其他动物进入。减少应激因素。在日粮中投入一定的青霉素和喹乙醇、土霉素可以有效控制本病的发生。发现病鼠隔离治疗，有条件的养殖场可自制灭活菌苗进行免疫。

治疗：①用青霉素 8 万~12 万单位进行肌内注射，每日 2 次，连用 3 天。②链霉素 2~3 克进行肌内注射，每天 2 次，连用 3 天。③红霉素、金霉素对本病的治疗也有一定的疗效。

九、炭疽病

炭疽病是人畜共患疾病，它是一种急性、热性、败血性传染病，以脾脏急性肿大，皮下和浆膜下结缔组织装液性出血性浸润为特征。

1. 流行病学

炭疽病的病原体为炭疽杆菌，是一种大型杆菌，一般为 (3~7) 微米×1.5微米。其在动物体内具有鉴别意义的特征是有荚膜，单在或形成竹节状短链，菌体相连处干截，而游离端呈钝圆。在培养基上炭疽杆菌不像在动物体内，而是形成了长链，而且没有荚膜。本菌革兰氏染色阳性。炭疽杆菌本身抵抗力较弱，一般消毒药物即能快速致死，但其在外界不良条件下即能形成芽抱，具有顽强抵抗力，必须煮沸或在高温高压下10~15分钟才能杀死。如果用福尔马林、升汞、石炭酸等普通消毒剂，则需数小时才能灭因。

在自然条件下，麝鼠属炭疽易感动物。当其食入带菌饲料即被感染。吸血昆虫、野鸟等都能成为传染媒介。炭疽杆菌侵入体内以后，很快进入循环系统，并繁殖滋生，血管壁受毒害作用通透性增强，血液外渗，发生肿胀出血等，致病流行。

炭疽病没有明显季节性，但一般仍是夏季特别是洪水过后更容易流行。流行期间，患病麝鼠可能会发生大批死亡。

2. 临床症状

炭疽病潜伏期很短，感染后发病急促，一般在10~12小时内即出现临床反应。

麝鼠感染炭疽病，呈急性经过，病程2~5小时或稍长一些。病鼠体温迅速升高，呼吸加快，步履艰难，而且嗜水狂饮，随后产生拒食、咳嗽、呼吸障碍等反应，严重的开始抽搐。仔细观察发现身体上有局部水肿，并逐渐向全身扩散。此病突发性强，而且反应强烈，有的在七窍流血以后死亡。

3. 病理变化

患病麝鼠并不表现为营养不良，且死鼠尸体不发生完全僵硬。剖检发现在头部及腹下皮下组织有胶样浸润，有时扩张至肌肉深层。内脏变化剧烈：胃肠出现出血性溃疡；肝充血肿大；脾呈显著肿大，大约是正常时的 5 倍以上，且髓质呈稀泥状；肾脏肿大，髓质部充血，被膜易剥离；肺水肿，有出血点；心肌松弛心室内有不完全凝固血液，且外膜有出血点。

4. 实验室诊断

通过血清学、细菌学检查，方可最终确诊。在当地防疫部门取炭疽菌阳性血清，用病料血清取样检验，进行玻板试验，即可判定病料带菌种类。另外，取病料涂片染色镜检，当结果与前述病原性状相同，也可确诊。

5. 防治措施

对于本病，最好是采取特异性治疗与一般药物治疗相结合。这样，可以收到更为理想的治疗效果。

A. 特异性疗法：应用抗炭疽血清进行皮下注射，成年患鼠一般用量为 10 毫升，而幼鼠应酌减，用量可为 5 毫升左右。

B. 药物治疗法：常用青霉素进行肌内注射，一般用量为 10 万~20 万单位，每日 3 次，每疗程 3~4 天。

由于该病是人、家畜、野生动物共患的烈性传染病，所以，预防十分重要。疫区每年都应预防性注射炭疽疫苗。可疑病鼠死后应立即进行防疫处理，如焚烧、深埋等。

十、病毒性肠炎

麝鼠病毒性肠炎是一种胃肠黏膜的炎症，以出血性、热性、坏死为特征，死亡率较高。

1. 流行病学

引起该病的病原是副黏病毒，其抵抗力较强，有很强的致病力。麝鼠病毒性肠炎属急性高度接触性传染，其主要传染源是患病的麝鼠或其他某些带病动物。野禽也可以成为病毒的中介寄主，把副黏病毒从疫区传入非发病场，进行媒触传染。本病毒一般首先进入肠道，再通过循环系统，进入各实质器官，迅速繁殖致病，引起急性坏死。

2. 临床症状

根据发病的方式及死亡的发生特点，麝鼠病毒性肠炎可分为急性、亚急性、慢性三种类型：

A. 急性型：带病麝鼠外观不显，仍被毛光亮，身体肥胖。前一天饮食、起居、活动均未见异常，第二天早晨即可能在圈舍中暴死。成鼠及幼鼠都有急性型病毒性肠炎病例，但往往多发于仔、幼鼠。

B. 亚急性型：比急性型要缓慢、温和一些，不表现为暴死。病初，患鼠精神稍显萎靡，食欲未见异常。仔细观察，可见眼眦增多，鼻镜干燥。病程稍长一些，则可见精神沉郁不振，行动明显减缓，对周围的刺激缺乏机敏反应。若此时仍未得到及时治疗，则盒欲继续下降，直至废绝，眼睛逐渐被眼眦封闭。此期，体温升高，有的可达39℃以上。粪便时干时稀，有时呈大团，有时呈小粒，有时有血便。极个别病例甚至还会发生鼻腔出血，且呼吸困难，有喘鸣音。亚急性型病程一般为10～15天。

C. 慢性型：这种类型的病鼠，不会急性死亡。一般先进行性消瘦，被毛无光、蓬乱，精神沉郁，且食欲时好时坏，粪便时干时稀。呈慢性经过的病毒性肠炎患鼠，其眼睛上有明显特点。其单眼或双眼被眼眦封闭，但由于麝鼠常以爪洗眼，致使眼周被毛干枯、脱落，眼圈呈红色，形成"烂眼圈"。呈慢性经过的病程一般为几周乃至数月。多数病鼠由于长时间消耗而最终死亡，只有少数患鼠能熬过漫长的病期而活下来。

3. 病理变化

也分急性、亚急性和慢性三种不同的变化。

A. 急性型：因急性病毒性肠炎死亡的麝鼠往往尸体肥胖，

且被毛光亮，外观无明显变化。剖检可发现大、小肠大面积出血，血色新鲜，其他脏器无明显变化。

B. 亚急性及慢性：其主要病变在肠道，小肠壁变薄，黏膜脱落，肠壁出血。盲肠浆膜、黏膜大面积出血，以至肠内容物染成紫红色。在多数病例中，其小肠、大肠（直肠除外）都有大小不一的灰色或黑色溃疡结节。胃浆膜淤血或出血，胃底腺区黏膜大面积出血。患鼠心脏肿大，心血呈煤焦油样；肺脏有大面积出血有的发生气肿；肝脏肿大，切面外翻，且质地脆弱、颜色土黄或紫红；脾、肾均有不同程度的肿大、变色甚至坏死。

4. 实验室诊断

A. 镜检：取典型病例的病料，进行细菌学试验，于37℃恒温培养，在培养基上未有细菌菌落生长，涂片染色镜检，也未见细菌存在。但是，取病料的肠道内壁及内容物，进行电子显微镜观察，用磷钨酸负染，可见有圆形、大小不一的病毒颗粒，其直径在100微米左右。病毒粒子有呈索状的核衣壳，表面有囊膜囊膜外面有纤突。

B. 红细胞凝聚检验：用典型的病毒性肠炎病死麝鼠的肠道及内容物制备的含毒悬液，做红细胞凝集试验，若能凝集豚鼠、鸡的红细胞则证明可能是副黏病毒，为确诊提供有力佐据。

5. 防治措施

疫病发生后，除了进行必要的紧急处理外，应及时投药治疗。一般结合饲料供给投喂内服药物，常采用土霉素与喹乙醇混投于食物中，其用法为：土霉素每只每次20毫克，每天2次，每疗程为3~4天；喹乙醇每只每次25毫克，每天2次，疗程同为3~4天。对于病情严重的，应立即注射（肌注）青霉素G钾，用量为5万单位，或链霉素10~15毫克，早晚各注射上次，连用 3~5 天即可控制病情。

目前，尚无针对此病的专用疫苗，但可采用同源组织灭活菌苗进行接种，可在一定程度上起到预防作用。

十一、疥螨病

疥螨病是由疥螨科的螨寄生于麝鼠的体表或表皮下所引起的慢性寄生性皮肤病。以各种类型的皮肤炎、脱毛、上皮角化增厚为特征。疥螨病在我国南方的麝鼠养殖场广泛流行。

1. 流行病学

螨类是不完全变态的节肢动物，其发育过程包括卵、幼虫、若虫和成虫 4 个阶段。

疥螨钻进宿主表皮挖凿隧道，虫体在隧道内进行发育和繁殖。在隧道中每隔相当距离即有小孔与外界相通以通空气和作为幼虫出入的孔道。雌虫在隧道内产卵，每个雌虫一生可产 40~50 枚卵，经 2~3 天后从卵内孵化出幼虫，幼虫爬到皮肤表面。在毛间的皮肤上开凿小穴，在小穴里面蜕化为幼虫，钻入皮肤。形成狭而浅的穴道，并在穴道里蜕化为成虫。

麝鼠通过直接接触和间接接触互相传播疥螨病。病鼠是主要传染源，病鼠和健康鼠直接接触可以传播疥螨病，如密集饲养、配种均可传播。健康麝鼠通过接触污染的笼舍、食盆、产箱以及工作服、手套等，也可间接被感染患病。秋冬时节，尤其是阴雨天气，有利于螨虫发育，这时期疥螨病蔓延较广，麝鼠发病较重。春末夏初，鼠体换毛，通气改善，皮肤受光照充足，疥螨大量死亡，这时病鼠患病症状减轻或完全康复。

2. 临床症状

剧痒为疥螨病的主要症状，且贯穿于整个疾病过程中，一般先发生在脚掌部皮肤，后逐渐蔓延到关节和肘部，然后扩散到头、颈及胸腹内侧，最后发展为泛化型。感染越重，痒觉越剧烈。其特点是病鼠进入温暖小室或经运动后，痒觉更加剧烈，会不停地啃舐，以前爪搔抓，不断地向周围物体摩擦，从而加剧了患部炎症和损伤，同时也向周围散布了大量病原。由于身体皮肤广泛被侵害，麝鼠食欲丧失，有时发生中毒死亡。但多数病例经治疗，愈后良好。

3. 病理变化

病死鼠尸体瘦弱，用解剖刀轻刮皮毛，则有鳞状脱落。进行病理剖检，发现体内各内脏器官及组织颜色均有不同程度发淡呈贫血症状，而在形状、大小上并没有异常变化。

4. 实验室诊断

对有明显症状的病鼠，根据发病季节以及患部皮肤变化，确诊并不困难。对症状不够明显的病鼠，需检查患部皮肤上的痂皮是否有螨虫后才能确诊。方法是用钥匙或圆刃外科刀，于患部和健康交界处的皮肤上刮取皮屑，直到出血为止。取适量病料装入试管内，加入 10% 苛性钠溶液至试管 1/3 处，煮沸，至痂皮、被毛溶解。静置 15～20 分钟，由管底吸取沉渣滴于载玻片上，低倍镜检查，发现虫体和虫卵即可确诊。也可将病料直接置于玻璃片上，滴加几滴煤油，盖上另一块载玻片，互相搓动几次，待皮屑透明即可镜检。也可将病料置平皿内，于黑色背景下稍稍加热，肉眼如发现有白色小点缓慢爬动，则可确诊。

5. 防治措施

螨病有高度的接触传染性，遗漏患部，散落病料，都可能造成新的感染。治疗螨病可采取剪毛去痂法。为使药物能和虫体充分接触，将患部及其周围 3～4 厘米处的被毛剪去，将被毛和皮屑收集于筒内焚烧或用杀螨药浸泡，用温肥皂水冲刷硬痂和污物，重复用药。治疗螨病的药物，对螨的卵大多没有杀灭作用，因此，即使患部不大，疗效显著，也应在治疗后隔 5～7 天再治

1~2次，以便杀死新孵出的幼虫，不让一个螨虫漏网，以达到彻底治疗的目的。治疗螨病的药物和处方很多，有些已经停用，现介绍以下几种目前常用药。

（1）1%~2%敌百虫水溶液　敌百虫1~2克，溶于100毫升温水中，混匀溶解后涂擦患部。间隔5~7天再治疗1次。

（2）螨净　螨净为有机磷化合物，具有高效、低毒、生物降解快、安全幅度大、无副作用和不良反应等特点，每千克水用250毫克螨净配成药液，治疗效果达100%。

（3）双甲脒　双甲脒为国产新型杀螨药剂，每千克水用500毫克双甲脒配成药液，大面积涂擦或药浴，安全可靠，治疗效果良好。

一旦发现麝鼠患螨病，须立即隔离治疗。引入新的麝鼠时，应进行严格检查，隔离饲养一段时间，确认无螨病时再混群饲养。

十二、球虫病

1. 病原及致病机制

球虫病是笼养麝鼠常见寄生虫病。其病原主要是艾美耳属的球虫。其主要寄生于肠道，在腔壁内大量繁殖，使麝鼠致病。

2. 临床症状

球虫病多发于鼠龄为20~40天的刚断奶的幼鼠群中，成鼠较少发病。幼鼠患病后，多表现为消瘦，被毛蓬乱，缺少光泽，精神废颓，萎靡不振；腹部膨大下垂，且尾部多有粘稠稀便污染附着。病鼠常卧于窝室内，严重的常常发生痉挛，并力竭而死。

3. 病理变化

进行病鼠解剖，可发现其小肠黏膜发生水肿、充血，并有零星出血现象；在腔壁内有谷粒大小的灰白色病灶，处于不同发育时期的球虫赫然在目；大肠黏膜血色肿胀；肝组织也出现点状白色渗透物。

4. 实验室诊断

从病鼠笼舍中采取粪便，镜检可发现内有大量球虫。在死鼠体内取样镜检，也可见球虫。查阅有关寄生虫分类书籍，即可确定其为艾美耳属球虫，则可确诊此病为球虫病。

5. 防治措施

由于球虫病属内寄生虫病，所以，只能采用药物内服灭虫方法进行治疗。一般可在饲料中混药投喂，常用药物是呋喃类药物，如呋喃西林等，其剂量为每千克体重10毫克左右，连续投喂7～10天即基本控制病情。这以后再配合磺胺嘧啶、氯霉素等进一步投喂，即可杀灭寄生虫、起到彻底治疗本病的作用。

十三、消化系统几种常见病

麝鼠消化系统的常见病，也是困扰麝鼠养殖的重要因子。这些常见病主要包括腹泻、便秘、伤食及门齿过长等。

1. 腹泻

（1）病因　环境突然改变，麝鼠采食了不洁或霉烂饲料，圈舍阴冷潮湿，幼鼠断奶后贪食等，均可能成为腹泻的原因。冬季运动量小，多喂了含水分多的青绿饲料，也容易发生腹泻。

（2）临床症状　主要表现为胃肠分泌和运动机能紊乱。腹泻初期，黏状粪粘连成堆状粪。随着病情加重，变成糊状或水样便。病鼠精神沉郁后期食欲减退或废绝，日渐消瘦。腹泄消耗很大，对幼鼠危害极大，死亡率较高。

（3）防治　发病后先停食一天，次日再换新鲜卫生饲料，免去精料。对于断乳幼鼠，要防止饥饱不匀。对于窝室，要进行处理, 主要是置换干净、干燥的垫草, 去除潮湿。在治疗上本着整肠健胃原则选药、用药。药物可拌在饲料里投喂, 但采取直肠灌入法最有效。方法是用一根导尿管, 消毒后一端抹上凡士林油, 徐徐插入麝鼠肛门内一寸左右, 再用20毫升注射器将半片氯霉素 (0.25克) 用6克水稀释成溶液缓缓注入直肠内, 1天1次, 3天以后即可痊愈。

2. 便秘

(1) 病因　饮水不足, 缺乏青饲料, 运动不够, 精料过多或粗料过少, 均可成为便秘的原因。

(2) 临床症状　便秘麝鼠食欲不振, 消化不良。其粪便坚硬、颗粒细小, 且量少, 有的数日内无粪便排除。病鼠往往不时回头顾腹, 且弓曲身体, 表现出腹痛的症状。排尿也大大减少, 而且尿色常为棕色。

(3) 防治　对于轻度便秘, 只要增加粗饲料、新鲜多汁蔬菜和青草, 减少精饲料, 即可不治自愈。对于稍重的便秘病例, 则要求停食, 多给清洁饮水, 并进行药物治疗, 一般多采用蜂蜜或食油配药。

用蜂蜜2汤匙, 加等量温水混匀, 拌入饲料中, 进行一次性投喂。

用食油3毫升, 加温水3毫升, 配成混合液, 用导管灌入直肠内。连续灌喂3天, 每天回次, 便可治愈较重的便秘。

3. 伤食

(1) 病因　饲养失调, 饥饱不匀, 贪食为量, 均可致使机能紊乱, 引起消化不良, 出现伤食。仔幼鼠容易发生此病。

(2) 临床症状　病鼠食欲不振, 有的拒食, 粪便成堆状软便, 并带有刺鼻酸臭味。

(3) 防治　发现伤食应停食回天, 并减少精料, 饲喂易消化的青绿饲料, 增加运动, 以促进消化。药物治疗多用大黄苏打片，每次半片研磨，用水溶化，喷洒在饲料上投喂。一般每日回次，连续投喂2~3天即可。

4. 门齿过长

门齿过长，突出唇外，影响采食，致使营养不良，最终发生耗竭死亡。发现门齿过长，应钳去过长部分，并在平时置一硬物于圈内，供磨牙。

十四、黄曲霉毒素中毒

黄曲霉毒素中毒是危害较严重的一种人、鼠共患病。主要侵害肝脏，引发肝脏出血、坏死、变性和机能障碍等。

1. 病因

黄曲霉毒素中毒是由于麝鼠采食了被黄曲霉污染的含有毒素的玉米、豆类、麦类等而引起的。黄曲霉菌广泛地存在于自然界，各种谷物及其副产品若贮藏不当，极易被污染，产生毒素，尤其在霉雨季节，毒素的产生量更大。毒素由消化道吸收，进入循环系统。当其侵入中枢神经系统时，则立即引起充血、水肿，急性病例则产生一系列神经性功能变异反应。当毒素侵入血管内壁或整个血管壁时，则造成大面积出血，并引起一系列出血、坏死症状。

2. 临床症状

患鼠拒食，精神沉郁，便稀，最初排出的为绿橄榄色，后期为茶色，5~8天后死亡。哺乳雌麝鼠易发生缺乳。病程稍长的，食欲废绝，行动缓慢，反应迟钝，嗜眠，机体消瘦，被毛粗乱无光泽，口鼻干燥。当病鼠口唇苍白、发黄时，可见其腹围增大，触诊有波动感，穿刺时，有多量淡黄色至棕红色腹水流出。病严重时，后躯麻痹，有时发生痉挛、阵发性抽搐，死亡率为15%~20%。

3. 病理变化

最主要的变化就是全身各内脏器官及组织出现充血、变性、甚至急性坏死，而且在消化系统出现出血、溃疡病变。

4. 诊断

根据病史调查，如饲料是否发霉变质，结合临床症状和病理变化，可做出初步诊断。最后确诊还需从病死鼠肝脏等处检出黄曲霉毒素。

5. 防治措施

目前，尚无特效药物，一旦发现麝鼠中毒，应立即停喂霉败饲料，改喂含碳水化合物和维生素较多的饲料。对于重症病例，应及时给服盐类泻剂（硫酸镁、人工盐等），将其消化道中的有毒物排除。可用25%～50%葡萄糖溶液与维生素C混合或葡萄糖酸钙、40%乌洛托品注射液，静脉注射。

预防黄曲霉素中毒的主要措施是加强饲料贮藏管理，如玉米等饲料要严格挑选，有霉变的严禁使用；谷物等饲料要放在干燥、低温的地方保存；在饲料收获、堆放、贮藏及加工过程中，要防止受潮，若遭受雨淋应及时晾晒，迅速使其干燥，贮藏库应通风良好。

十五、食盐中毒

1. 病因

由于管理人员的粗心疏漏，造成麝鼠日粮中加盐过多，或喂食咸鱼及咸鱼粉，或饮水不足，或饲料搅拌不匀造成局部盐水过多等，引起食盐中毒。

过量的食盐使肠胃受到刺激，导致胃肠炎甚至神经系统受损。组织中逐渐积累起来的钠离子，引起慢性中毒。而且，肠道吸收食盐过多，还可使渗透压显著增加，引起细胞内水分外渗导致脱水，颅内压增高，使脑部氧供给受阻，从而引起脑血管损害及一些神经症状。

2. 临床症状

食盐中毒的麝鼠，出现口渴，饮欲强烈，而且兴奋不安，还发生呕吐、腹泻、出汗等症状。病鼠全身虚弱无力，并伴发癫痫而嘶哑尖叫。严重的病例则表现为四肢麻痹，在极度兴奋后昏迷而死。

3. 病理变化

从外观看，中毒而死的麝鼠尸僵完整，口腔内有黏液。解剖以后进行病理检查，发现肌肉呈干燥反应，颜色暗红异常。内脏器官及组织普遍出现血管扩张或充血，而且常常有零星点状出血。

4. 诊断

根据临床症状、病理剖检即可初步判定中毒类型，再对近日的饲料进行检查、化验，即可作出食盐中毒的诊断。一般，如果麝鼠每千克体重所摄入食盐量超过 2 克，则有食盐中毒可能，如果此时饮水不足，而且鱼粉又是咸鱼粉，那么这种可能性就更大。

5. 治疗

发生中毒以后，首先必须停喂食盐过多的饲料。在调换饲料的同时，大量供应卫生饮水，保证其限制性饮用，以少量多次为原则。对于严重中毒的病鼠，应立即用胃管给水，或腹腔注射灭菌的冷水。进行应急处理以后，进行药物治疗，用 10% ~ 20%的樟脑油 0.5 毫升进行皮下注射，维持心脏机能，防止衰竭，并静脉注射高渗葡萄糖液，缓解脑水肿。还可以针对不同中毒程度进行用药，如用溴化钾缓和兴奋和痉挛，用石蜡油促进毒物排泄等。

十六、维生素缺乏症

维生素 A 及 B_1 的缺乏是对麝鼠生长发育影响最大的维生素

缺乏症。

日粮中维生素 A 缺乏时，往往造成发育停滞，视力下降，所有内脏器宫的上皮组织生理机能发生紊乱。而维生素 B_1 缺乏，则食欲普遍消退，消化道分泌紊乱。维生素 A 维生素 B_1 缺乏症的一个共同症状，就是严重时出现神经症状，如抽搐、麻痹等并影响成鼠的妊娠、产仔行为，使繁殖率大大降低。

防治维生素缺乏症的有效办法就是对症下药，缺什么补什么，并调整麝鼠日粮配比，从饲料构成上保证各种维生素平衡供给。对上述病鼠，可分别投喂维生素 A、维生素 B_1 5～10 天，混入饲料中予以补充。同时，在麝鼠日粮中，加喂奶粉、酵母、胡萝卜等予以补足维生素。

十七、感冒

感冒是多由气温骤变，粪尿污染，垫草潮湿，受风侵袭，长途运输等受寒引起的病理生理防御适应性反应，是全身反应的局部表现，也可引发许多疾病。

病鼠精神沉郁，行动迟缓，常卧于窝室里或圈舍一角。呼吸增快，鼻腔开张，流涕。食欲减退，重者拒食，体温升高，有时长时间浮卧于水池中。若不及时治疗，会导致死亡。

防治措施是要勤换池水，用 5% 的漂白粉进行环境、饮水消毒。还应做好保暖防寒工作。青霉素按每只 10 万～20 万单位肌内注射，每日 2 次，连用数日。还另加安痛定按每只 0.2～0.5 毫升肌内注射，每日 2 次。

十八、中暑

鼠舍周围温度长时间超过 30℃，缺乏通风和遮阳设备，换水不及时，水质差，水温高，从而使麝鼠体温迅速增高，致使中暑，病鼠精神沉郁，步态摇摆，头部震颤，全身痉挛，呼吸困难。

在治疗上，应及时采取降温措施，迅速将病鼠移至凉爽处。如病鼠心机能衰弱，可皮下注射20%樟脑油0.5~2毫升。也可肌内注射维他康复0.2~0.3毫升。对未发病的麝鼠群要采取遮阳降温、换水、通风、清洁卫生等防暑措施。盛夏季节，浴水日换两次，窝内或舍内的污草、剩食要及时清除。用绿豆衣、扁豆花各5克，鲜荷叶7克，煎水两次共200毫升，分多次内服或预防。

十九、眼病

主要病因是尿粪堆积（氨气刺激），沐浴时受感染及日粮中缺乏维生素A。病鼠眼内排泄物增多，眼睑被毛湿润，严重时引起眼睛封闭，食欲减退，长期患病会导致病鼠消瘦最后死亡。用各种人用眼药水、金霉素药膏可收到以较好的疗效。严重者，每天每只喂给2 000国际单位的维生素A。

第七章　毛皮加工及副产物利用

麝鼠全身是宝，其毛皮有"软黄金"之称，皮板结实，坚韧耐磨而轻软，绒毛丰厚细软，是制作裘皮服装的好材料。麝鼠肉质细嫩，味道鲜美，含有16种氨基酸，蛋白质含量为20.1%，含钙量是牛肉的13~23倍，胆固醇含量比牛肉低22.5%。

第一节　麝鼠毛皮特点及成熟判定

一、毛皮特点

麝鼠的毛皮商品名为青根貂皮，以其绒毛青灰、针毛短齐，类似于貂皮而得名。属于小毛细皮类。其毛皮的特点是沥水性强。麝鼠皮板结实坚韧，耐磨而轻柔，绒毛丰厚细软，针毛富有光泽。其耐磨度优于狐狸皮獾皮及滩羊皮，更超过银鼠皮、香鼠皮、羔羊皮和灰鼠皮。麝鼠皮可制成翻毛衣大衣、皮帽子、皮领、手套等（图7-1）。穿着时轻盈、艳丽、美观大方，不但如此，其价格还较其他高档皮张便宜。麝鼠皮不仅受国际裘皮市场的欢迎，成为畅销品；如北京盛锡福帽店的麝鼠皮帽，深受国内外顾客喜爱，供不应求。

麝鼠被毛的颜色在黑黄色和黑红色之间，柔和又有金属光泽。绒毛丰厚细软，针毛分布均匀，且略高于绒毛，长度适中，弹性强，手感极佳。淋水性和遇雨雪不湿性仅次于水獭皮，有很强的装饰性和保暖性。麝鼠是细毛皮类动物，无明显的季节性换毛，这是与其他毛皮动物的不同之处；这样麝鼠的毛皮是常年可进行加工和处理的。

图 7 -1 麝鼠毛皮制品

二、成熟判定

选取麝鼠准备取皮时，都要首先鉴定其毛皮是否成熟，成熟的毛皮一般具有以下特征。

（1）鼠毛呈棕黄色或青灰色，毛绒稠密，全身绒毛均匀一致，色泽没有明显差异；针毛柔顺光亮，富有弹性。注意观察还会发现，毛皮成熟的麝鼠在转动身体时，颈部与腹部的毛被会呈现出一条条"裂缝"。

（2）抓住鼠皮，感觉皮板厚薄均匀适中，松紧适度，用嘴轻轻吹开毛绒，观察皮板颜色一般呈粉红色，且看起来一致、健康。

（3）严格地讲，应进行试剥，确定成熟度。试剥的皮板，如果整张板面均呈白色，只有爪尖及尾尖略带异色，则认为毛皮与胴体分离良好，已完全成熟，可以大批处死剥皮。不过，一般在试剥以前即可判定毛皮成熟与否。

第二节　麝鼠取皮及初加工

一、麝鼠的处死方法

处死麝鼠的方法很多，迅速又不影响毛皮质量，而不污染麝鼠肉质的屠宰方法有如下两种。

1. 折颈法

将麝鼠抓住后，右手抓尾巴，左手压住麝鼠的背部，然后右手松开尾巴，托住颈部，将其头向后转。待其头翻过来后，左右手同时用力把头部向下按，并略向前推进，此时，麝鼠就会两腿向后伸直死亡。

2. 棒击法

左手将麝鼠的尾巴提起，使其头部下垂，当麝鼠伸直后，右手握棒猛击麝鼠头后部。为了使麝鼠皮板内膜不充血和肉质鲜美，击昏后要立即放血。

3. 注射法及其他

上述方法现在已不使用，而是采用常用药物为氯化琥珀胆碱、亦称司可磷，按每千克麝鼠体重1毫克的剂量使用，皮下或肌内注射；也可采用心脏注射空气处死法，即向麝鼠心脏内注入空气10~20毫升，由于皮兽心脏瓣膜受到破坏而迅速死亡；也可用二氧化碳密闭充气法处死批量麝鼠，使其窒息死亡。

二、麝鼠的取皮技术

屠宰之后，要迅速取皮，必须在尸体还有体温余热时，按麝鼠收购要求剥皮。否则，等到放置较长时间以后，尸体僵直、冰凉，不仅难以剥离，往往将皮剥坏，而且还客易受闷脱毛，影响毛皮品质。因此，如果是大规模屠宰加工，必须边屠宰，边取皮边加工，不能耽搁。

麝鼠取皮主要有片状和筒状两种方法。

1. 片状剥皮法

这是我国最普通、最适用的一种方法，而且相对简单方便，剥起来动作迅速。此法尤其在麝鼠家庭饲养中用得更多。

简单地讲，这种取皮方法是将死鼠沿腹部毛皮纵切开，再将前肢、后肢砍下，然后将皮剥离，形成一片状鼠皮。

具体操作方法是：将麝鼠尾挂在钩上，用剪刀或其他工具剪掉前、后肢的四只利爪，保留完整的腿，再去掉尾巴。从肛背毛与腹毛分界线中间用刀或剪挑开后裆，走刀必须要平，以保证挑线平行、光滑。后裆挑开以后，再开腹部。在下额的中央对着尾基部的位置上，经腹部迅速向生殖器处笔直拉开一刀口。然后双手配合，一手用刀刃反转上挑皮板。一手用手指外抠提起腹皮，保证刀刃均匀平滑挑开腹皮。挑开这几个关键部位以后，再借助刀将皮从体肉上揭起，剥开腹、腿部皮后，再反转过来剥背皮。最后剥头皮，将两耳切神，小心剥离，保证其完整。剥完的皮，应呈对称展开，形成一平片状（图7-2）。

必须注意的是，在麝鼠皮剥离过程中，应谨慎小心，以免戳破皮板和弄坏胴体。为了保证剥离时污血、油脂不致大量流出污染皮毛以及模糊刀口影响剥离，往往在新剥开的地方撒上干净锯末，起吸附作用。

2. 圆筒状剥皮法

顾名思义，这种剥皮方法是不挑开腹部，不展开皮板，只挑开后裆，最后剥下一张筒状的完整皮板。由于这种剥离方法不剪开毛皮，故一般对于某些特殊用途而言才要求这种剥法。

在进行圆筒状剥离时，也必须首先进行挑裆，去尾皮，其

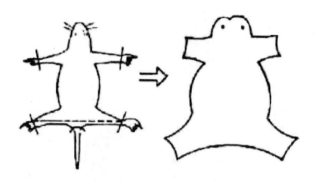

图7-2　片状剥皮

技术要点与前一种方法一样。然后主要用双手的力量剥皮。将手指插入刀口的皮肉之间，用力外扳。首先剥后肢，后肢剥下来以后即可将鼠头向下用钩牢牢吊起来，用手用力把皮向下拉，注意用力均匀（图7-3）。剥至生殖器时，借助剪刀将连接剪断。至前肢，剪掉前爪，可让爪留在皮上。至头部时，必须小心，多需用刀帮忙，务求皮板完整。剥离过程中，撒抹锯末仍不可缺少。

毛皮全部剥离下来以后，仍呈圆筒状，只是在后部裆处有开口，另外在头部可能出现几处小孔，其余皮板是封闭的筒状。

三、麝鼠皮的初加工

1. 刮油

为了便于干燥和保存，需将残留在皮板上的油脂、结缔组织及残肉刮下，用橡皮管或圆木棒撑开皮张，用刮油刀刮去残肉和结缔组织、脂肪等（图7-4）。持刀要平稳而轻快，边缘或头部、四肢末端要用剪刀修剪。遇到头、生殖孔、乳头等部位时，要特别小心，用力要轻。刮油时，边刮边用锯末、刨花等搓洗皮板和手指，以防油脂污染皮毛。刮完油后再用干净的锯末搓洗毛

图 7-3　筒状剥皮

绒和板皮，然后抖净锯末即可。

2. 上楦

剪修好的皮板要及时上楦。先毛面朝里，板面朝外装在木制的楦板上，使其鼻和尾根对成一条直线，并尽量同楦板中线重合，拉直展平，用图钉固定四周，待干至6~7成时翻转皮板，再挂在楦板或板或木板上，至全干为止（图7-5）。目前，国内的楦板有大小两种（无统一规格）（图7-6），板的边缘约厚0.4厘米，应无棱角，表面光滑。大号全长55厘米，下部宽15厘米，中部宽13厘米，上部尖端宽7厘米；小号全长40厘米，下部宽12厘米，中部宽10厘米。

3. 阴干

干燥的皮板才能保管、运输和出售，所以，刮油以后必须使之干燥。干燥时不能采用高温，以免皮板迅速失水从而使柔韧

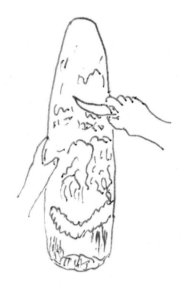

图7-4　刮油

性、弹性等受到致命性影响，也可避免因高温快速干燥引起的皮板卷缩、纹裂等。一般干燥方法是将皮板伸展固定，在室温下自然阴干，切忌高温烘烤，也切忌在高温高湿环境中存放。

采用片状剥离法剥下的皮板的固定比较简单。只需找一木板，将皮板展平，用打子最好是夹具固定四周即可。注意，首先必须将毛面向里，待干至六成时，再翻转过来重新展平固定，直到完全干燥为止，即可御下。

而采用筒状剥离法剥取的皮板则采取楦板固定。已上楦的皮板宜挂在温度为20～30℃、相对湿度30%～50%的通风良好的室内阴干，切不可在高温下烘烤、暴晒或低温下冻。当手摸皮板无柔软和潮湿感时，说明已晾干。将全干的皮从楦板上抽出，用小棍轻轻敲打皮板，使绒毛疏松起来。皮张最好再用锯末多次洗理，并用排针梳毛，使其保持原有光泽。

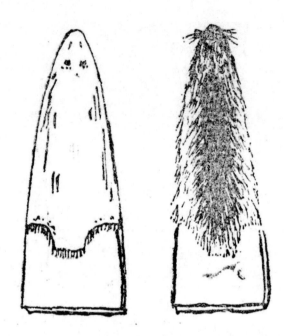

图7-5 上楦

4. 保存

已处理好的皮张如不及时出售，应以20~25张重叠整齐，捆成小捆。皮张间撒些樟和食盐，防虫防腐，置于设有防虫纱布的木架上，保存于温度为10~25℃、相对温度50%~60%的房间内，同时要搞好防虫、防潮等工作。

第三节　麝鼠皮的品质鉴定

麝鼠毛皮的品质鉴定不仅关系到养殖场的经济效益，还关系到麝鼠繁殖育种方向。麝鼠的性别、年龄都对毛皮质量产生影响。同时，饲养地气候、环境，饲养管理水平，取皮季节选择，

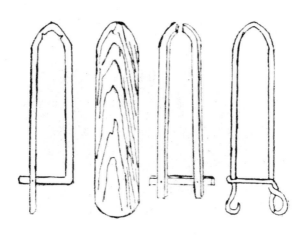

图 7 - 6　各种楦板

加工保管技术等诸多因素，都影响麝鼠皮的等级。

一、麝鼠皮品质指标

毛皮的品质指标，是确定毛皮优劣的依据。其主要指标有毛被、皮板、皮形、面积和毛板结合强度等。

1. 毛被

毛被是毛皮最直观的品质指标，其密度、长度及细度等决定毛被的好坏（图 7 -7）。

密度是指单位面积上毛的数量，它直接影响着毛皮的外观、保暖性及耐用性。一般地讲，密度越大，毛被质量越好。密度的确定主要靠手指触摸，感觉厚实者即为密度较大。

毛长是指被毛的高度，它是与毛被厚度关系密切的指标。显然，毛越长则毛被越厚，因而保暖性就好。对于一般对毛长没有严格规定的毛皮（如麝鼠皮即是），通过手摸来鉴别细度是指毛的粗细程度，即横截面直径大小。因为细度与毛被弹性、柔软度、美观度关系密切。一般毛粗，则弹性好，不易发生紧实；毛

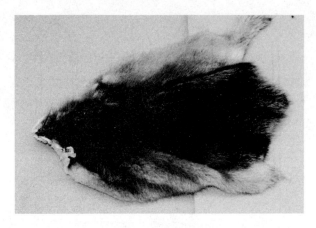

图7-7　麝鼠皮张

细，则显得柔韧，灵活，且光滑美观，但弹性相对较差，易压实，不蓬松。因此，一般收购毛皮时，要求毛被细度适中。往往要求针毛较粗，绒毛较细。

另外，被毛的弹性、光泽、颜色、斑纹、花纹等都是影响毛被质量的因素。

2. 皮板

皮板的品质主要从厚度、强度及颜色上来判定。

皮板的厚度是决定毛皮用途的一个重要因素，而且其变异很大。厚度的鉴定主要是通过用手弯曲皮板，感觉沉重者，皮板较厚。不同的用途对皮板厚薄要求不一致。但有一点过厚过薄的皮板肯定都不算最上等的。

皮板强度是皮板品质的关键。强度越高，则皮板抗拉、抗裂等性能都越强，皮板品质也就越好。事实上，一张皮的不同部位皮板强度都有较大差异。一般背、臀部皮板最为结实，腹部和腋下最差。皮板强度主要通过检查皮板的完整性（有无伤残、霉烂等），并卷折皮板看是否有响声和脆裂来判断。

颜色可以判定皮板是否成熟，也可根据它来判定取皮季节。

3. 皮形

对于麝鼠皮这类珍贵毛皮，皮形指标显得越发重要。皮形是指毛皮的剥取方式及制作过程所决定的毛皮的外部形状，它关系到原料皮能否被充分利用，还涉及毛皮商品的外观。一般要求按照有关部门对不同种类毛皮的收购规定，按照标准程序加工，并用统一规格的植板上植固定成形。

4. 面积

它实际上是毛皮张幅大小的指标，道接关系到毛皮的利用率。显然，面积越大，利用起来也越方便。但应注意的是，切忌为了增大面积而在加工时过度拉展，这样会降低其他品质，反而会影响整个毛皮的综合品质。毛皮面积是要进行测定的，对于麝鼠这种有头的毛皮的测定是从耳根量至尾根，或从两眼中间量至尾根作为长度，以腰间中部为宽度，长度与宽度相乘即为面积。

注意这是片状皮的面积，如果是筒状皮则要再加一倍。

5. 毛板结合强度

是指毛被与皮板结合紧密与否，他影响毛皮的长时期使用结合强度低会造成脱毛，形成被毛不匀或出现秃斑。一般毛皮受焖、菌腐等，结合强度差，而且春季采皮的结合强度差。

二、影响毛皮品质的主要因素

从因素分类上讲，可分为自然因素和人为因素两大类，它们共同对麝鼠毛皮的质量产生影响。

1. 自然因素

性别、年龄对毛皮质量是有影响的。一般公鼠皮张较母鼠大，而且皮板厚，质量要略好。从年龄上讲，鼠皮质量以成龄鼠最好，幼龄和老龄较差。它们的毛皮在许多方面有明显的差别，幼龄鼠毛绒短薄而柔软，针毛色找，皮张幅度小，皮板薄嫩。成龄鼠毛绒长密，针毛色泽光亮，皮张弹性强，张幅大，皮板厚壮。老龄鼠毛长绒疏，针毛干燥，光泽暗淡，皮板厚硬。

环境对毛皮质量影响也不可忽视。在寒冷地区，麝鼠为抵御寒冷侵袭，毛皮发育相对更加充分一些，皮板较厚，被毛密、底绒厚，质量优于温暖地区。即使在同一地区，甚至同一山系，山上比山下、平原生活的麝鼠毛皮质量要好。但从颜色上看，南方温暖湿润地区饲养的麝鼠有比较明亮鲜艳的颜色，斑块也比较清晰。

影响毛皮质量的另一自然因素是寄生虫和其他疾病。麝鼠患病以后体形瘦小，缺少活力，其毛皮干瘦，油性很差，且被毛散乱不齐，缺少光泽。如果是患皮肤病，则由于其皮肤溃烂，大大降低毛皮质量。

2. 人为因素

（1）饲料配给　营养好的，毛皮结实而滑润，毛色有光泽，而营养差的，则皮质粗糙，瘦薄，缺乏弹性，其毛色干燥，没有油性。一般地讲，如果日粮中缺少蛋氨酸、赖氨酸等，将严重影响毛纤维强度；缺少亚麻油酸及次亚麻油酸，则导致皮脂腺功能下降，使被毛光泽减弱，毛皮没有油性；而缺乏维生素、矿物质等，则毛纤维发育不良，毛被颜色变暗，毛衰老变质，且容易脆断、弯曲、空心等。

（2）管理方式　管理不当，会造成鼠皮质量下降。如果鼠舍设计不尽合理，窝室潮湿，则易引发皮肤病，使毛皮受损，皮上有痂痂等。如果各种出口、通道相对狭窄，麝鼠来回挤擦，使被毛尤其是毛峰磨损，影响外观，降低等级。另一方面，如果因管理疏忽，致使笼舍温度长时间偏低，麝鼠怕冷而缩脖休息，久而久之就会造成脖处毛绒短小，毛质很差，这也就是一般所称的刺脖。

（3）取皮季节　不同的季节，鼠皮处于不同成熟阶段，而且在脱毛、毛被成熟度以及皮板的组织结构等方面都有较大差异。所以，取皮季节与鼠皮质量有密切关系。春夏秋冬各季鼠皮具有明显不同的品质。一般取皮在毛被及皮板成熟完好的秋冬季最好。

冬皮：针毛高爽、稠密，底绒丰足，色泽光亮，皮板呈灰白色或红白色。其中，早冬皮，中育部毛绒稍矮，皮板稍厚并呈浅灰色。

秋皮：毛短绒薄，皮板厚并呈黑灰色。其中，晚秋皮，毛绒略微粗短，皮板臀部呈青灰色。

春皮：毛绒显得紊乱，针毛有弯曲，光泽减退，皮板硬并呈红色。其中，早春皮，毛绒发软，光泽稍减，针毛稍弯，皮板硬且发红。

夏皮：毛疏绒稀，显得干燥无油，皮板发硬且呈黑红色。

（4）屠宰及加上技术　在进行屠宰取皮及生皮初步加工过程中，往往由于技术掌握的熟练程度而影响毛皮品质和出售等级。屠宰方法不当，会造成各种伤残。走刀不准、不畅、不正常，都可能使皮板受伤或形状不规则，降低质量，影响毛皮的使用。

毛皮加工技术，是影响毛皮质量的关键环节。高的加工技术，不但可以有效地保证毛皮原有的高品质，而且还能通过加工，弥补其本身的一些小缺陷，增强外观美感，提高毛皮的档次。相反，初加工不当，会降低质量。本来剥离很好，本身也不错的毛皮在加工时造成刀洞、描刀、缺损、撕伤等外伤；刮脂不尽，皮板受油浸而烧板；鲜皮板未能及时上楦晾干，而使皮板贴在一起皮板受热或受闷，针毛和绒毛脱落，造成神毛。加工不当造成的脏板、油浸、贴板、霉板、皱板等，都严重影响其质量。

（5）仓贮保管及运输　这是影响毛皮品质的最后一个环节。在这个环节出问题而影响质量，是人们最不愿意看到的。皮张在长期仓储保管中，由于漏雨、潮湿及堆放过多，造成高温、高湿、相互挤压的环境，会使皮板霉变、腐烂，而且还容易生虫，发生虫蚀及老鼠咬皮，造成机械损伤。运输过程中的曝晒、雨淋、大风吹刮等都会对毛皮品质造成损害。

三、麝鼠皮品质鉴定

鉴定麝鼠毛皮的等级，需从各个方面进行综合评定，通过眼看、手摸、鼻闻等方法，基本上综合各方面情况，进行分等定级。综合判定要考虑以下几个方面。

1. 品种鉴别

确定是麝鼠皮，并分清公母。

2. 产地

不同产地，收购基价不一，要弄清是北方皮，还是南方皮。

3. 产季

确定是冬皮、秋皮，还是春皮和夏皮。

4. 板质

皮板质量是鉴定毛皮的关键，包括皮板厚度、油性、弹性、颜色和纤维的紧密度等。皮板厚薄均匀、颜色洁白、细韧油润为好。分为肥板、二性板和瘦板。

肥板即为板质肥壮而有弹性、柔韧，瘦板即干燥发皱，二性介于中间。

5. 张幅

一般要求准确测定皮张面积大

6. 上绒

确定毛绒的密度、细度和长度。

7. 皮形

指毛皮的完整程度，观察其外观形态，根据上楦质量，收购要求等判定等级，对缺材、漏裆等毛皮要做降级降价处理。

8. 色泽

从颜色、斑状、花纹、光泽度 4 方面考察。

9. 伤残及缺陷

根据皮板的自然、人为、硬、软、病 5 种伤残缺陷度定级。

四、麝鼠皮的收购标准

由于麝鼠在我国分布很广，饲养规模也比较大，而且各地区之间差异十分明显，地区特色突出，所以，目前国家尚无统一的麝鼠皮张收购标准，但在各地都有自己的标准。目前，麝鼠皮张收购价每张在 50 ~ 100 元不等，现在把我国麝鼠皮最大产区东北和西北地区的麝鼠皮张收购等级标准介绍给大家，见表 7 - 1。

表 7 - 1　麝鼠毛皮的收购参考标准

		东北地区	西北地区
加工要求		剥皮适当，皮形完整，头、腿齐全。去掉爪、尾，除净油脂，开后裆，毛朝外，圆筒撑展，晾干	皮板朝外的圆筒皮，无皱褶，干板平展，无损伤，刮净脂肪和肉屑，不带爪和尾的清洁全头皮
等级规格	一等	毛绒丰厚，针毛齐全，色泽光亮，板质良好，可带伤两处，总面积不超过 1.1 平方厘米	毛峰平齐，底绒密实，色深而具有光泽，皮板清洁，无青色，不带伤残
	二等	毛绒略带空疏或略短薄，皮板弱，可带一等皮伤残，具有一二等毛质，板质可带伤残 3 处，总面积不超过 3.33 平方厘米	毛峰齐整，底绒较疏，色稍深，有光泽，皮板有青色，略带伤残
	三等	毛绒空疏或短薄，板质较弱或较厚，可带一等皮伤残。具有一二等毛质，板质可带伤残 4 处，总面积不超过 5.56 平方厘米	毛峰不齐，底绒空疏，色浅且欠光泽，皮板发青或伤残较重
	四等	不符合等内要求的皮张	毛长绒短，夏皮或早秋皮、毛峰干枯的晚秋皮、面积不足 250 平方厘米的幼鼠皮、严重的伤残皮张

（续表）

	东北地区	西北地区
等级比差	一等100%，二等80%，三等60%，等外30%，以下按质论价	一等100%，二等80%，三等60%，等外30%，以下按质论价
等级面积要求	等内皮在444.4平方厘米以上	一等不小于450平方厘米 二等不小于350平方厘米 三等不小于250平方厘米
其他说明	无	特大皮：600平方厘米以上 大皮450～600平方厘米 小皮250～450平方厘米

第四节　麝鼠副产品的收取与利用

一、麝鼠肉

一年四季均可屠宰取肉。一只成龄麝鼠，剖开胴体，除去内脏，去掉头、四肢、尾、内脏和骨骼，净肉达500克左右。鲜肉无论煮、炒、炸，其味道都很鲜美，食而不厌。麝鼠肉不仅是野味佳肴，还可用来制成罐头、腊肉、香肠等出售（图7-8）。麝鼠肉肉质细嫩、营养丰富，蛋白含量与牛肉相当，脂肪含量较低，可谓高蛋白、低脂肪的美味佳肴。

二、麝鼠脂肪

11月份到翌年3月份屠宰取皮的麝鼠，每只能收取50～80克皮下脂肪炼制后可食用，也可工业用（制皂、制革等）。

此外，麝鼠粪便是良好的有机肥料，利用池水浇灌果树或蔬菜，建立立体开发养殖模式。

图 7 - 8　麝鼠肉制品

第八章　麝鼠取香技术

麝鼠香是成龄雄性麝鼠香腺囊中的分泌物，其抗炎、耐缺氧、减慢心率、降低血压待的药理活性与天然麝香相似。此外，麝鼠香还具有降低几肌耗氧量及促进动物生长的活性。

第一节　麝鼠香腺的解剖及结构

麝鼠香腺由腺细胞、支持细胞和排香管组成。其分泌腺属复管泡状腺。发育初期的腺泡胞质内含有大量的粗面内质网、光滑内质网、高尔基复合体、中心粒和线粒体。香腺细胞间连接发达，桥粒、半桥粒广为分布。胞质内含有电子致密度高和电子致密度低的两种分泌颗粒，其分泌方式为顶浆分泌。

一、麝鼠香腺的宏现解剖结构

麝鼠香腺为雄性麝鼠所独有，位于成年雄性麝鼠下腹部的腹肌与皮肤之间，在附睾囊上方，阴囊两侧（图8-1）。发育良好的麝鼠香腺囊形状呈扁椭圆形，左右各一，呈对称状。充满香液的香腺囊其横径可达（16±3.0）毫米，纵径（37±3.5）毫米。香腺囊重3.0克左右。其大小随麝鼠的体型特征及发育阶段不同而有所变化。麝鼠香腺由香腺囊和排香管两部分组成。

香腺囊外表凹凸不平，表面为一层白色薄膜，不光滑有结缔组织包裹，布满毛细血管和淋巴管及有髓和无髓神经纤维，为香腺囊提供多种营养，使香腺囊发育良好。囊体呈海绵状，囊内形成许许多多不规则的腺泡。切面蜂窝状，腔体大小不等，呈囊状

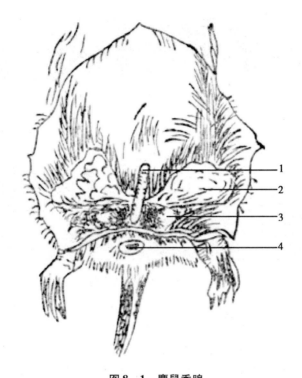

图 8 - 1　麝鼠香腺

1. 阴茎；2. 香腺囊；3. 附睾囊；4. 肛门

和管状结构。（图 8 - 2）腺泡腔内储存油状黏液，这就是麝鼠香原液。

　　香囊的尾端连接排香管。排香管在阴茎两侧被皮上面，开口位于阴茎包皮内两侧。排香管的作用是分泌和输送麝鼠香原液。排香管是麝鼠香液通过的必由之路，管长 15～30 毫米。

　　麝鼠从 3 月份进入繁殖期，此时麝鼠香腺也开始发育、活动分泌出麝鼠香。其主要功能是通过香液传递性兴奋信息，并构成性外激素有效成分，引诱母麝鼠发情。

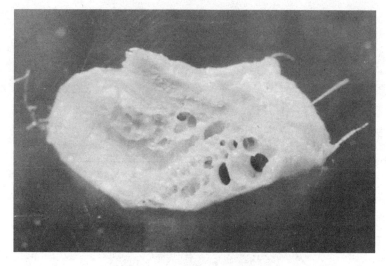

图 8 - 2　麝鼠香腺囊的横切面

二、麝鼠香腺发育及泌香机理

麝鼠分泌的香液也叫麝鼠香，主要是由麝鼠的香腺组织来分泌。香腺的发育分为泌香期和非泌香期两个时期，在泌香期中又分为泌香盛期和泌香持续期，泌香盛期在 4～6 月，泌香持续期在 7～9 月。在整个非泌香期中分香腺萎缩期和香腺发育期，10月至翌年 1 月为香腺萎缩期，2～3 月为香腺发育期。香腺的发育呈明显的周期性的变化规律。睾酮对调控香腺发育和泌香起着很重要的作用，香腺的发育主要是受血浆中睾酮的调控，香腺发育的前期，血浆中睾酮水平急剧升高，致使香腺发育，到 9 月以后，睾酮的水平开始下降，香腺也随之进入萎缩状态，睾酮的水平与香腺的发育和萎缩呈正比，睾酮是调控香腺发育和泌香的重要生化基础。睾酮能诱导麝鼠非泌香期香腺的发育，应用睾酮能调控麝鼠香腺正常泌香，并能成功地诱导麝鼠非泌香期香腺发育和持续泌香，每个诱导周期的泌香量达 3 克。

麝鼠香合成、储存、分泌及亚细胞结构变化呈动态周期性规律，麝鼠香腺属复管泡状腺，分腺末房和排香管两部分，分泌麝鼠香的方式为顶浆分泌，其顶浆分泌的动态过程为：麝鼠香在腺胞内合成，储存聚集于胞质内，随分泌物的增加，逐渐移至细胞表面、突出，并连同部分细胞膜和胞质脱离细胞。顶浆分泌后，腺细胞在细胞器的作用下，再次进行修复，重复产生和分泌麝鼠香。香腺腺胞分泌麝鼠香具有周期性分泌规律，周而复始地进行。

第二节　麝鼠的取香技术

麝鼠取香分为活体取香和死体取香两种，现在多用活体取香方法。

一、死体取香

在剥皮时，将香囊小心地剥下，麝鼠香囊位于公鼠尿生殖孔前方的腹中线两侧，取囊时，先用镊子或止血钳将开口一端也就是尿道口掐住，然后腾出一只手小心剥离，就像剥猪胆那样，防止剥坏，褪去上面薄膜，然后边拉边剥，从根部取下，将香取出。

二、活体取香

活体麝鼠取香的关键是掌握香囊解剖、生理特点和安全保定技术，并熟悉掌握采香指法和技巧。

1. 麝鼠的保定

麝鼠在陆地行走不如在水中活动灵活，但由于个体不大，两对门齿尖而利，头部和躯体灵活，很难保定，根据麝鼠提后腿时前爪用力抓物的习性以及麝鼠的体长，可设计专门取香保定笼，用铁丝网卷制成，笼呈圆锥形，长 25 厘米，前堵头直径为 6.5 厘米，后开口直径为 8 厘米。根据取香麝鼠多少，制成大、中、小 3 种型号不同的笼备用。

2. 取香环境和器具

一般麝鼠场，在圈舍较近处可设一专门取香室。室内面积 6 ~ 10 平方米即可。要求室内光线好，地、墙壁无缝无孔洞，卫生环境好，便于集中操作，防止麝鼠逃脱，易于捉住。若无取香室，在麝鼠跑不出去的处所取香亦可。室内可放椅子高的操作台，有 2 ~ 3 个凳椅即可，有条件者还可备一消毒柜，内放酒精、棉球、医用钳子、胶布（或创口贴）和消炎药物、脸盆、肥皂、毛巾等备用。取香器材：10 ~ 20 毫升磨口具塞广口瓶、三角瓶或试管等。

3. 取香的操作方法

取香前先后提麝鼠尾，让其头趄前自行爬入保定器中（图 8 - 3）。由于保定器前端较小，只能容纳麝鼠头部，中部也较

图 8 - 3   麝鼠香腺囊按摩

窄，故可防止麝鼠转身逃跑或咬人，方便取香操作。此时左手抓住保定器，拇指和食指捏在麝鼠背部的对应处，用酒精棉球洗干净阴茎周围，用右手拇指和食指在腹部皮肤上轻轻按摩，找到香腺囊的位置（图8-4），再从香腺囊的头部逐渐向尾部稍用力按

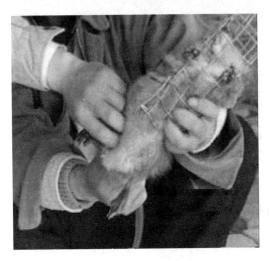

图8-4　麝鼠香腺囊按摩

摩和挤捏，用10毫升或50毫升的玻璃管或瓶接在阴茎包皮口部位，使自然流出的麝鼠香液滴入玻璃管或瓶中（图8-5），挤完一侧再以同样方法挤另一侧香腺，直到腺体变软变小无香液滴出为止。取香是按摩和挤捏的手劲要先轻后重，切忌过重，否则会造成麝鼠疼痛，并伤及香腺囊，抑制其继续泌香排香，也影响再次活体取香。取香后将麝鼠放回原窝继续饲养，待15天后，香腺囊再次充盈时，可再次取香。取香过程中，如发现有出血现象，说明手势过重，要改进。并对已出血的麝鼠注射抗生素再投入窝内，连续注射3天，并在精料中放些消炎抗菌药添喂，以防香腺和周围软组织发炎，直到伤愈后才能再取香。

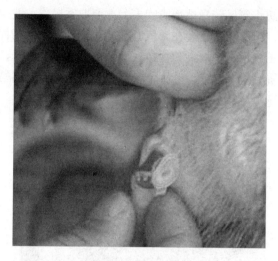

图 8 - 5 麝鼠活体取香

4. 麝鼠香的保存

盛有麝鼠香液的容器必须加盖玻璃塞，保存在 - 20℃ 冰箱中。优质的麝鼠香为乳白色黏稠物，具有独特的香气。

5. 取香时间和数量

麝鼠活体取香时间为 4 ~ 9 月，可取香 5 ~ 10 次，每次每只雄鼠可取香 0.5 克以上，每年可取香 3 ~ 5 克。

第三节　麝鼠香的化学成分

麝鼠香精油是成龄雄性麝鼠香腺囊中分泌物经过分子修饰加工提纯研制而成的。呈浅黄色状液体。相对密度（25/25℃）0.908 4。折光指数（20℃）1.485 1。酸值（以毫克・KOH/克计）3.3。麝鼠香香气为：具有典型的动物氤氲香气，香气清灵、柔和、留香持久、头香稍带酯类的果香且具有酸气，香气较纯正。

当麝鼠香稀释1 000倍时仍可嗅辩到，香气较强（图8-6）。

图8-6 麝鼠香精油（A）与麝鼠香腺分泌物（B）

通过对麝鼠香原香苯溶性成分进行气相色谱-质谱检测，从总离子流图中得知有41个以上的组分，见图8-7。

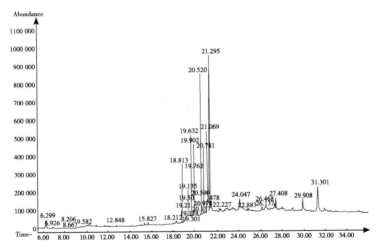

图8-7 麝鼠香原香苯提取物的离子流图

通过对各组分质谱图中碎片离子分析并对照NIST谱库检索出的可能结构，再结合色谱保留时间及其他相关文献，确认了麝鼠香原香中41个组分，见表8-1。

表8-1 麝鼠香的主要化学成分

峰号	化合物名称	分子式	相对分子量	相对含量
1	苯酚	C_6H_6O	94	0.725
2	辛醛	$C_8H_{16}O$	128	0.113
3	柠檬烯	$C_{10}H_{16}$	136	0.217
4	4,7-二甲基十一烷	$C_{13}H_{28}$	184	0.194
5	壬醛	C_9H_{18}	126	0.330
6	1,1-二亚甲氧基二丁烷	$C_9H_{20}O_2$	160	0.117
7	十一烷	$C_{11}H_{24}$	156	0.160
8	二十烷	$C_{20}H_{42}$	282	0.190
9	癸基羟胺	$C_{10}H_{23}NO$	173	0.148
10	2,6,10-三甲基十二烷	$C_{15}H_{32}$	212	0.177
11	2,6-二（1,1-二甲基乙基）-4-甲基苯酚	$C_{15}H_{24}O$	220	0.261
12	3-甲基环十五烷酮	$C_{16}H_{30}O$	238	0.009
13	二环［2.2.1］庚烷并环癸烷	$C_{14}H_{28}O$	196	0.164
14	环十五烷酮	$C_{15}H_{28}O$	224	4.899
15	十九烷	$C_{19}H_{40}$	268	0.383
16	十六烯酸甲酯	$C_{15}H_{28}O_2$	240	0.457
17	9-烯十六酸甲酯	$C_{17}H_{32}O_2$	268	0.896
18	软酯酸甲酯	$C_{17}H_{34}O_2$	270	2.297
19	11-烯十六碳酸	$C_{16}H_{30}O_2$	254	3.259
20	十六酸	$C_{16}H_{32}O_2$	256	10.046
21	9-烯十六酸乙酯	$C_{18}H_{34}O_2$	282	0.428
22	十六烯酸乙酯	$C_{18}H_{34}O_2$	282	3.181
23	9-烯十六酸乙酯	$C_{18}H_{34}O_2$	282	0.397

（续表）

峰号	化合物名称	分子式	相对分子量	相对含量
24	软脂酸乙酯	$C_{18}H36O_2$	284	4.953
25	1-乙烯基-1-甲基-2（1-甲基乙基）4-（1-甲基乙烯基）环已基	$C_{15}H_{24}$	204	0.427
26	软脂酸乙酯	$C_{18}H_{34}O_2$	282	0.396
27	环十七烷酮	$C_{17}H_{32}O$	252	11.376
28	9-烯环十七烷酮	$C_{17}H_{30}O$	250	1.597
29	8-烯十八碳酸甲酯	$C_{19}H_{36}O_2$	296	5.151
30	6-烯十八碳酸	$C_{18}H_{34}O_2$	282	11.839
31	油酸乙酯	$C_{20}H_{38}O_2$	310	13.400
32	9，12-二烯十八酸	$C_{20}H_{36}O_2$	308	1.311
33	3甲基-环十五烷酮	$C_{16}H_{30}O$	238	0.543
34	9，12-二烯十八烷基-1，1-二甲基缩醛	$C_{20}H_{38}O_2$	310	0.758
35	十九碳酸	$C_{19}H_{38}O_2$	298	2.968
36	苯二酸辛基-2-戊酯	$C_{21}H_{34}O_4$	350	0.470
37	2，2-甲基-4（2-甲氧基-4-十六烯基）-甲氧基-1，3-二氧戊环	$C_{23}H_{44}O_4$	384	0.873
38	3，13-二烯二十五醇	$C_{25}H_{73}O$	389	1.913
39	9，12--二烯十八酸乙酯	$C_{20}H_{36}O_2$	308	1.910
40	3，13-二烯二十七醇	$C_{27}H_{79}O$	419	2.890
41	2-（9，12-二烯二十八烷氧基）乙醇	$C_{20}H_{38}O_2$	310	7.887

从检测出的 41 种组分中，大环酮、脂肪酸、烷类、酯类和醇类化合物为其主要成分，并含有少量的胆甾醇及醛类等化合物。其中，烷类有 7 种，占总成分的 1.4%；酮类成分 5 种占总

成分的 18%；酯类成分 12 种，占总成分的 33.6%；有机酸类成分 5 种，占总成分的 29.5%；此外还含有醛类成分 2 种，占总成分的 0.44%。这些成分均含有天然动物香料成分的特征。

从检测出的 41 种组分中，大环酮、醇类化合物为其主要成分，并含有少量的脂肪酸和胆甾醇。大环酮类化合物的存在有一定规律，即奇数环酮化合物含量较高，从环十五酮至环二十七酮为主要存在形式。在大环酮化合物中，环十五烯酮和环十七烷酮具有较大的峰面积，两者含量较高。

根据 Amoore 的具有麝香气味离子分子结构特征的理论计算，在环酮类化合物中，环数为十五的分子具有最恰当的反应面积，因此，其不仅具有麝香的香气，香气也最浓。环数过多或过少尽管不会影响分子中定位基团和反应基团与嗅觉细胞膜蛋白的结合性能，但由于反应部位的大小而偏离最佳值，而导致影响香气浓度。因此，麝鼠香腺囊分泌物香气来源主要为环酮类化合物，尤其是环十五和环十七酮各种存在形式的共同作用并非单一组分的作用。

第四节　麝鼠香的药理活性及安全性评价

动物试验表明，麝鼠香在药理活性方面具有抗炎、耐缺氧、降低心肌耗氧量、减少血氧的利用、降低血压、减慢心率、增加冠脉血流量以及抗衰老、抗凝血和溶栓等多种活性，使得麝鼠香在医药上防治冠心病、心脏肥大、心脏负担过重以及防治脑血栓、脉管炎等危重疾病发挥重要作用。

1. 麝鼠香对血流动力学的效应

对犬静脉注射麝鼠香 24 毫克/千克，通过八导生理记录仪的记录可以看到，麝鼠香具有减慢心率、降低血压、左心室内压、总外周阻力和左室内压最大上升速率，同时还能显著增加冠脉血氧量、减少动脉血氧量、降低心肌耗氧量和减少血氧的利用率。可见麝鼠香对血流动力学和心肌耗氧量有明显影响，对治疗心脏负担过重、心脏肥大及动脉粥样硬化具有明显疗效。

2. 麝鼠香抗衰老及促生长的效应

腹腔注射麝鼠香 120 毫克/千克，到给药后第 8 天，未成龄小鼠体重增加明显，与 60 毫克/千克丙酸睾丸素作用相当。麝鼠香在增加未成龄小鼠体重的同时，对前列腺、促精囊、胸腺和脾脏也有明显的促进作用，其促生长作用全面。腹腔注射麝鼠香 120 毫克/千克，对小鼠肝脏超氧化物岐化酶的活性有显著的增强作用，同时可延长小鼠在低温（10℃水）下游泳存活时间。这表明麝鼠香具有同化作用，但其同化用途又与睾酮等类固醇激素不同，因为麝鼠香在增加前列腺 - 贮精囊发育的同时，胸腺和脾脏等重量也在增加，同时它可增加 SOD 的活性，降低过氧化脂质和单胺氧化酶的活性及含量，说明麝鼠香是一个很好的抗氧化剂。

3. 麝鼠香对中枢神经系统的作用

对小白鼠腹腔注射麝鼠香 120 毫克/千克，可缩短小白鼠戊巴比妥钠的睡眠时间，延长小白鼠在常压下缺氧的存活时间，对硫代乙酰胺化大鼠戊巴比妥钠睡眠无显著影响，说明麝鼠香具有天然麝香相似的活化肝脏药酶的作用。

4. 麝鼠香的抗炎作用

实验表明，麝鼠香对角叉菜胶、右旋糖酐所致的大鼠足肿胀有明显的对抗作用。麝鼠香口服较腹腔注射效果差。在腹腔注射 120 毫克/千克麝鼠香的效果与在腹腔注射 12 毫克氢化可的松效果相近。

5. 麝鼠香的体外抑菌活性

用无菌生理盐水配成 10%、1%、0.1% 和 0.01% 的麝鼠香悬液，选用白喉杆菌、大肠杆菌、脑膜炎杆菌、溶血性链球菌和金黄色葡萄球菌，分别接种于标准琼脂血培养基上。用纸片法，将浸有上述各浓度药液的纸片，置于接种菌后的培养基上，常规培养，观察发现麝鼠香对大肠杆菌、脑膜炎杆菌、溶血性链球菌和金黄色葡萄球菌等具有一定的抑菌作用。

6. 麝鼠香稳定内环境作用

腹腔注射麝鼠香 120 毫克/千克，8 天，能对抗红细胞在 0.4% 低渗氧化钠溶液中溶血，稳定细胞膜作用明显。另外麝鼠香可以对抗 0.4% ~ 0.8% 不同梯度的低渗和高渗溶液的溶血作用，在 0.35% 和 0.30% 的极低渗溶液中也呈现微溶血，麝鼠香抗溶血作用显著。

7. 麝鼠香的治疗脂溢性皮炎、脂溢性角化病的疗效

用体外细胞分泌的麝鼠香制作成霜剂对脂溢性角化病 20 例、脂溢性皮炎 30 例进行临床疗效观察。使用方法为将体外细胞分泌的麝鼠香薄涂患病（剂量为 2.0 克左右），涂后稍加磨擦，每天抹 2 ~ 3 次。脂溢性角化病疗程为 3 个月。脂溢性皮炎中总有效率 96.7%。效果明显者一般在用后 3 ~ 5 日即见炎症开始消退，痒感减轻。本品作用之一是保护细胞膜，使细胞内脂质不被氧化，显示其抗皮肤老化的作用，有利于老年疣的消退，作用之二是增强酶类（SOD）的活性，以保护表皮细胞免遭自由基的损伤，达到治疗目的。

8. 麝鼠香的安全性评价

通过对小鼠皮肤反应、破皮愈合、小白鼠繁殖、致畸作用及家兔皮肤刺激和豚鼠的过敏性实验和尾静一次高剂量注射麝鼠香等多项毒理评价。结果表明：麝鼠香对除毛皮肤没有任何毒性，并且具有良好润肤作用，如皮下脂肪、血管、纤维等显得更丰富，皮肤更具弹性。对小鼠的繁殖没有影响，活动自如，产仔顺利，无致畸和致癌作用。麝鼠香无过敏反应。对皮肤及内脏主要器官组织无任何病理改变。能够保证麝鼠香在日化、医药、食

品、烟酒等行业应用的安全性。

麝鼠香与麝香、灵猫香、龙涎香和河狸香一样都是天然动物香料,具有诸多生物活性,在日化、医药、食品、烟酒及服饰等行业中广泛应用(图8-8)。有着重要的经济价值。目前,麝、灵猫、河狸和抹香鲸均被列为濒危物种,麝香和灵猫香已被禁止使用,天然动物香料奇缺,麝鼠香的化学成分和功效的研究,无疑给世界上动物香料业带来新的活力。

随着麝鼠香相关研究的深入,麝鼠香的应用领域将得到进一步拓宽,目前,应加大麝鼠存栏量,增加麝鼠养殖规模,尽快提高麝鼠香的产量,加快麝鼠香医用保健化妆品的研制开发及市场占有量,以便获取更大的经济效益和社会效益。

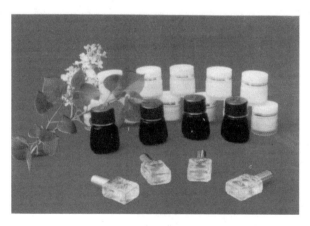

图8-8 麝鼠香医疗保健制品

附　录

麝鼠常用饲料的营养成分　　(单位:%、卡/千克)

饲料名称	粗蛋白	粗脂肪	粗纤维	碳水化合物	水分	灰分	总能
淡水杂鱼	13.8	1.5	—	—	82.0	1.4	750
黄鳝	10.3	0.5	—	0.6	80.0		660
泥鳅	22.6	2.9	—	—	73.5	2.2	1 170
蚯蚓	9.7	2.1	—	3.7	83.4	1.1	1 020
河螃蟹	7.0	1.3	—	0.6	80.0	—	610
海螃蟹	4.2	1.8	—	0.6	71.0	—	510
家畜胃肠	14.0	1.3	—	—	83.9	0.8	700
家禽内脏	8.5	3.6	—	—	75.5	0.6	700
鱼粉	54.5	3.5	1.0	—	2.0	30.0	2 550
血粉	80.0	1.5	1.0	1.6	10.0	0.4	3 480
羽毛粉	81.4	1.03			10.2	7.4	—
蚕蛹粉	43.1	19.4	—	5.8	10.0	4.1	4 000
肉粉	54.9	9.4	2.5	2.4	5.9	—	—
骨肉粉	50.6		2.2	—	6.0	—	—
牛乳	3.1	3.5		6.0	87.0	0.7	670
羊乳	3.8	4.1		5.0	87.0	0.9	710
牛乳粉	25.6	26.7		37.0	5.0	6.0	4 910
脱脂乳粉	29.0	1.6	—	37.4	7.6	6.5	3 000

（续表）

饲料名称	粗蛋白	粗脂肪	粗纤维	碳水化合物	水分	灰分	总能
鸡蛋	14.8	11.6	—	0.5	72.0	1.1	1 660
鸭蛋	13.0	14.7	—	1.0	70.0	1.8	1 860
大豆饼	43.0	1.2	—	32.2	11.3	6.1	3 200
菜籽饼	37.8	4.6	12.5	15.1	13.2	—	—
亚麻饼	34.4	8.2	—	34.0	7.3	7.4	3 570
向日葵饼	31.5	6.0	—	9.9	6.7	—	2 200
去壳花生饼	46.8	4.5	9.5	21.8	11.0	—	3 250
带壳花生饼	30.3	7.9	14.4	28.5	10.1	—	2 730
去壳棉籽饼	35.0	10.7	6.0	31.4	9.9	—	2 850
带壳棉籽饼	29.2	3.7	29.3	22.0	9.1	—	2 250
干酵母	46.6	1.7	—	39.0	4.0	0.8	3 580
饲用酵母	37.5		—	4.2	9.0	9.5	3 000
鱼肝油		97.0	—	—	0.5	3.5	9 000
小麦粉	9.9	1.8	—	74.0	12.0	1.1	3 520
大麦粉	10.5	2.2	—	66.3	11.9	2.6	3 270
青稞粉	10.1	1.8	—	70.3	12.6	3.4	3 380
荞麦粉	11.2	2.4	—	72.0	11.0	2.1	3 540
玉米粉	9.0	4.3	—	72.0	12.0	1.3	3 630
高粱粉	8.0	2.9	—	41.2	10.9	2.1	3 220
小米粉	13.8	7.8	—	63.0	11.0	2.2	3 770
大米粉	7.3	0.3	—	78.5	12.4	0.3	3 460
碎米	6.9	0.7	0.3	79.2	12.4	—	—
小麦麸	13.9	4.2	—	56.0	11.0	5.3	3 170
细米糠	9.4	15.0	11.0	46.0	9.0	—	—

（续表）

饲料名称	粗蛋白	粗脂肪	粗纤维	碳水化合物	水分	灰分	总能
大豆粉	40.0	19.2	—	28.3	5.0	4.5	4 460
豌豆	24.6	1.0	—	58.0	10.0	2.9	3 390
胡豆	28.2	0.8	—	49.0	13.0	2.7	3 160
豆腐渣	2.6	0.8	—	7.0	87.0	0.7	410
豆浆	4.4	1.8	—	2.0	92.0	0.5	420
玉米粉渣	2.2	0.6	0.8	7.6	88.0	—	—
甘薯粉渣	1.3	0.1	1.4	7.5	89.5	—	—
马铃薯	1.9	0.7	0.6	16.0	79.0	1.2	780
甘薯	2.2	0.2	—	29.0	67.0	0.9	1 270
饲用甜菜	1.5	0.1	1.4	7.1	88.8	—	—
南瓜	1.1	0.5	1.1	5.0	89.1	0.7	300
萝卜	1.7	0.3	0.5	2.0	94.9	—	—
胡萝卜	1.0	0.4	0.7	8.0	89.0	0.7	400
马铃薯秧	2.4	0.9	5.0	3.6	85.0	—	570
甘薯藤	2.2	—	2.6	—	—	—	590
南瓜藤	2.3	0.4	2.6	5.4	86.3	—	—
大白菜	1.4	0.1	—	3.0	94.0	0.7	190
小白菜	1.3	0.3	—	2.3	94.5	0.6	170
小油菜	1.2	0.2	—	2.0	95.0	1.3	140
洋白菜	1.3	0.3	—	4.0	93.0	2.0	240
菠菜	2.0	0.2	—	2.0	96.0	2.0	180
番茄叶	2.2	—	1.2	—	—	—	420
莴苣叶	2.0	—	0.7	—	—	—	340
萝卜缨	1.2	0.6	0.7	3.0	93.6	—	340

（续表）

饲料名称	粗蛋白	粗脂肪	粗纤维	碳水化合物	水分	灰分	总能
胡萝卜缨	1.5	0.5	1.5	5.2	89.2	—	—
野青草	1.7	0.7	7.1	13.3	74.7	—	—
黄花苜蓿	3.1	1.0	2.7	5.9	86.1	—	—
紫花苜蓿	5.1	1.1	3.4	8.3	80.4	—	—
聚合草	4.6	0.8	1.2	8.0	84.0	—	—
灰灰菜	3.9	0.6	4.5	9.8	77.3	—	—
苦曲菜	2.1	0.9	1.7	6.4	86.4	—	—
芦苇	18.1	2.3	26.8	28.3	10.4	14.8	—
香蒲	11.3	9.9	1.8	32.4	—	44.6	—
水浮莲	1.4	0.2	0.6	1.1	95.3	1.5	260
水葫芦	1.2	0.2	1.1	2.3	93.9	1.3	290
水花生	1.3	0.2	2.0	2.0	90.8	1.5	350
水竹叶	0.6	—	0.9	—	—	—	170
水芹菜	1.1	—	1.1	—	—	—	400
红鳞扁莎	1.4	0.8	1.9	5.5	77.7	1.2	—
紫穗槐	9.1	4.3	5.4	2.7	57.7	2.8	—
松针	2.9	4.0	9.8	18.3	63.9	1.1	—
合欢叶	8.0	2.0	6.5	12.2	68.9	2.4	—
槐树叶	5.3	0.6	4.1	11.5	76.3	1.8	—
榆树叶	7.1	1.9	3.0	13.7	69.4	4.9	—
榕树叶	4.0	0.7	5.9	11.1	76.7	4.6	—
杨树叶	9.9	1.4	5.4	23.8	56.3	3.2	—
柳树叶	5.2	2.0	4.3	18.5	66.8	3.2	—
紫荆叶	5.9	2.1	10.4	14.7	64.4	2.5	—

麝鼠防病治病常用药物

药物种类	单位	用法	剂量	作用及用途
1. 防疫消毒药物				用于皮肤及工作室、饲养室、各种器械消毒、杀菌
酒精		外擦	70% ~75%	外用消毒防感染
紫药水		外擦	0.5% ~1%	外用消毒
漂白粉		外用	0.03% ~ 10%	其中：0.05% ~0.2%用于饮水消毒；0.5%用于食具消毒；10%用于地面消毒
碘酊		外擦	2% ~5%	用于皮肤消毒化脓肿
福尔马林		外洒	1% ~2%	室内消毒及器械消毒
来苏儿		外用	2% ~5%	5%用于器械；2%用于皮肤消毒
石炭酸		外用	5%	器具消毒
双氧水		外擦	3%	化脓创口涂擦
2. 抗菌类药物				用于抗菌、消炎
青霉素	国际单位	肌内注射	10万~20万	抑制革兰氏阳性细菌感染
链霉素	国际单位	肌内注射	10万~15万	抑制革兰氏阴性细菌，与青霉素互补，是治疗结核病的必用药
庆大霉素	国际单位	肌内注射	5万	广谱性抗菌药，但主要用于对副化脓性感染及消化、呼吸道感染
新霉素	国际单位	拌料内服	5万~10万	作用与用途基本与庆大霉素一致
卡那霉素注射液	毫升	肌内注射	0.5~1.0	广谱抗菌素
复方新诺明	克	拌料口服	0.3~0.5	对许多链球菌、球菌有较强的杀灭能力
磺胺嘧啶	克	拌料口服	0.2~0.3	用于呼吸、泌尿系统感染，作用与复方新诺明相似
3. 解毒药物				用于中毒症的治疗
氯磷定	毫升	皮下注射	0.2~0.3	缓解有机磷中毒
亚甲蓝	毫升	2%的溶液进行静脉注射	0.2~0.5	缓解亚硝酸盐中毒

附　录

（续表）

药物种类	单位	用法	剂量	作用及用途
硫酸阿托品	毫升	皮下注射	0.1~0.2	用于有机磷中毒的解痉、解毒
4. 神经兴奋剂				增强中枢神经系统的兴奋
强尔心	毫升	肌内注射	0.3~0.4	增强心脏机能，兴奋呼吸中枢
盐酸肾上腺素	毫升	肌内及皮下注射	0.2~0.4	用于过敏反应，克服过敏性休克
樟脑磺酸钠	毫升	肌内注射	0.3~0.5	增强以及机能
5. 其他类药物				
阿斯匹林	克	拌料及化水口服	0.2	解热镇痛
安乃近注射液	毫升	肌内注射	0.5	解热镇痛，还可抗风湿
乳酶生	克	口服	0.5	用于食欲不振，消化不良，整肠健胃
干酵母片	克	口服	0.5	健胃药物，帮助消化
乙醚	毫升	吸入蒸汽	5~10	麻醉剂，属全身麻醉药物
普鲁卡因	毫升	0.25%溶液皮下注射	5~10	局部麻醉
安定片	片	口服	1~2	镇静
催产素	毫升	肌内注射	0.5	用于母鼠分娩无力，进行助产
黄体酮	毫升	肌内注射	0.5~1	保胎药物，用于习惯性流产、子宫功能性出血
维生素 B_1	毫升	口服	5~10	维持神经系统正常功能，用于麻痹、多发性神经炎等维生素 B_1 缺乏症
痢特灵	片	口服	0.2~0.4	用于肠道感染、腹泻等